FORSCHUNGSBERICHTE DES LANDES NORDRHEIN-WESTFALEN

Herausgegeben durch das Kultusministerium

Nr. 890

Dr.-Ing. Heinz Meyer

Institut für Werkzeugmaschinen und Umformtechnik
Technische Hochschule Hannover

Untersuchungen über den Umformvorgang in Waagerecht-Stauchmaschinen

Als Manuskript gedruckt

WESTDEUTSCHER VERLAG / KÖLN UND OPLADEN

1960

ISBN 978-3-663-03832-0   ISBN 978-3-663-05021-6 (eBook)
DOI 10.1007/978-3-663-05021-6

Gliederung

0 Einführung . . . . S. 5
   01 Das Wesen der Waagerecht-Stauchmaschine . . . . S. 5
   02 Der Umformvorgang in der Waagerecht-Stauchmaschine . . . . S. 7
   03 Ziel und Abgrenzung der Untersuchung . . . . S. 11

1 Zur Versuchsdurchführung . . . . S. 11

2 Das Anstauchen in Waagerecht-Stauchmaschinen . . . . S. 16
   21 Freies Anstauchen . . . . S. 16
   22 Anstauchen im Gesenk . . . . S. 23
      221 Anstauchen von zylindrischen Formen . . . . S. 23
      222 Anstauchen von kegeligen Formen . . . . S. 26
   23 Schaubild zur Bestimmung der Umformstufen . . . . S. 32

3 Umformkraft und Umformarbeit beim Stauchen . . . . S. 35
   31 Die Methode der Kraft- und Arbeitsbestimmung . . . . . S. 35
   32 Der Umformwiderstand beim freien Stauchen . . . . S. 44
   33 Der Umformwiderstand beim Stauchen im Gesenk . . . . . S. 52
   34 Die Umformarbeit . . . . S. 59

4 Kräfte beim Durchlochen . . . . S. 59

5 Das Verhalten der Werkzeuge unter Last . . . . S. 63

6 Zusammenfassung . . . . S. 72

7 Literaturverzeichnis . . . . S. 74

0 Einführung

01 Das Wesen der Waagerecht-Stauchmaschine

Eine Untersuchung, die den Umformvorgang in einer bestimmten Art von Schmiedemaschinen betrachten soll, kann nicht unabhängig von ihren Eigenschaften vorgenommen werden. Daher seien einige Hinweise auf die Merkmale und Wirkungsweise von Waagerecht-Stauchmaschinen[1] vorausgeschickt.

Die Waagerecht-Stauchmaschine ist eine doppeltwirkende Kurbelpresse mit waagerechter Hauptarbeitsbewegung. Die zweite Wirkung ist die Klemmung, die im Gegensatz zu doppeltwirkenden Tiefziehpressen senkrecht zur Hauptarbeitsbewegung erfolgt; dasselbe Prinzip wird aber neuerdings auch in senkrecht wirkenden Gesenkschmiedepressen angewendet. Die Klemmbacken, deren eine vom Klemmschlitten gegen die zweite, meist feste, bewegt wird, können senkrecht oder waagerecht geteilt sein, so daß ihre Bewegung entsprechend in waagerechter oder senkrechter Richtung erfolgt. Die Art des Klemmschlittenantriebs läßt eine weitere Unterteilung zu; er kann entweder vom Hauptantrieb abgeleitet oder unabhängig sein. Der Klemmschlitten wird damit zum Merkmal, das die Maschine von den üblichen Kurbelpressen unterscheidet und eine Einteilung der Bauarten ermöglicht (Abb. 1).

Den Waagerecht-Stauchmaschinen verwandt sind die Bolzen- und Mutternpressen, seien sie für die Warm- oder die Kaltformung bestimmt [1]. Sie arbeiten selbst- oder halbselbsttätig und sind dementsprechend mit Zuführ- und Transporteinrichtungen ausgerüstet. Der Umformvorgang gleicht aber grundsätzlich dem in der Waagerecht-Stauchmaschine.

Ähnliche Stücke wie aus dieser erhält man auch aus der Elektro-Stauchmaschine gekoppelt mit einer Spindelpresse. In der ersten werden Stangen oder Stangenabschnitte zwischen den Klemmbacken der sog. Führungselektrode eingespannt und gegen eine Amboßelektrode gedrückt. Nach Schließen des Stromkreises fließt zwischen den beiden Elektroden ein Strom, der den eingespannten Stangenabschnitt erwärmt. Das erwärmte Stangenende wird dann durch Nachschieben des kalten Stangenteils gegen

---

1. Als Bezeichnung für diese Maschinenart soll im folgenden der Ausdruck "Waagerecht-Stauchmaschine" verwendet werden; obwohl mit ihr auch andere als Staucharbeiten ausgeführt werden können sind doch die Stauchvorgänge kennzeichnend. Der gleichfalls gebräuchliche Name "Waagerecht-Schmiedemaschine" sollte vermieden werden, da er wegen des allgemeinen Charakters des Bestandteiles "Schmiedemaschine" nicht eindeutig ist.

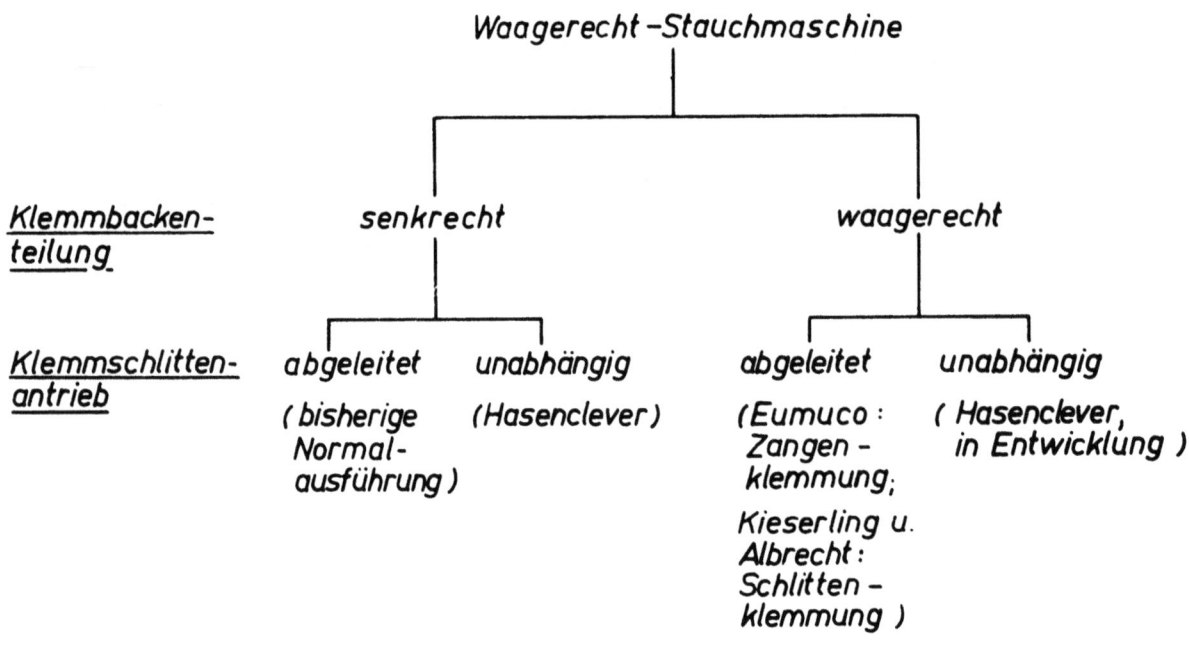

Abbildung 1

Bauarten von Waagerecht-Stauchmaschinen

die Amboßelektrode angestaucht. Durch langsames Vorschieben der Stange kann eine beliebig große, nur von den Maschinenabmessungen begrenzte Werkstoffmenge angestaucht werden, da der Abstand zwischen Klemmbacken und Verschleißplatte so gewählt werden kann, daß der Stab nicht ausknickt. Die so angestauchten Stücke erhalten ihre Endform gewöhnlich in einer Spindelpresse. Die Stauchvolumina können daher größer als in der Waagerecht-Stauchmaschine sein.

Das Werkzeug der Waagerecht-Stauchmaschine besteht aus drei bis fünf dreiteiligen Gesenksätzen, die über- oder nebeneinander angeordnet sind. Die doppelte Teilung der Werkzeuge ergibt sich aus den zwei Bewegungsrichtungen der Waagerecht-Stauchmaschine. Die Werkzeuge setzen sich aus den beiden Klemmbacken und dem Stempel zusammen, der auch eine Gravur tragen kann (Abb. 2).

Dreiteilige Gesenke werden auch gelegentlich in Hämmern und Pressen verwendet, doch müssen zwei Werkzeugteile dann in einem Halter aufgenommen werden, so daß die Handhabung umständlich und teuer wird. Die Werkzeuge der Waagerecht-Stauchmaschine sind häufig als geschlossene Werkzeuge anzusehen.

Im Gegensatz zu allen anderen Schmiedewerkzeugen haben sie eine doppelte Aufgabe: Die Klemmbacken müssen einmal die Hohlform bilden, in die

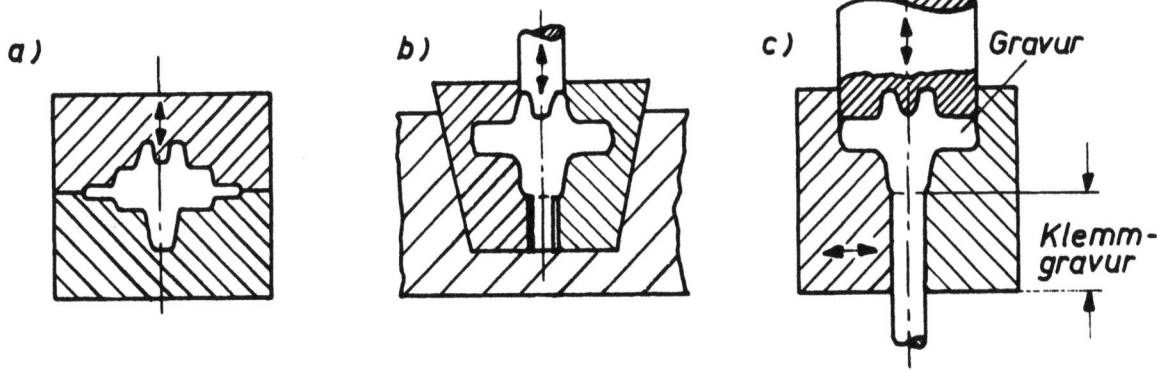

Abbildung 2
Ausführung von Schmiedegesenken
a) zweiteiliges Gesenk mit Gratspalt und Aufschlagflächen
b) dreiteiliges Gesenk mit Gesenkhalter
c) dreiteiliges Gesenk für Waagerecht-Stauchmaschinen

der umzuformende Werkstoff hineingepreßt wird und außerdem bei vielen Umformvorgängen - vor allem beim Anstauchen - die Stange oder den nicht zu stauchenden Stangenabschnitt klemmen, um ein axiales Verschieben zu verhindern. In den Klemmbacken ist daher die eigentliche Gravur von der Klemmgravur zu unterscheiden. Da beide gemeinsam in einen Block eingearbeitet sind, können Klemm- und Formgebungsvorgang einander beeinflussen.

Schließlich kann auch die eigentliche Gravur noch eine doppelte Funktion haben: einmal soll sie nur die Hohlform bilden - sie darf sich unter der Wirkung der Umformkräfte nicht öffnen - zum anderen soll sie außerdem noch aktiv am Umformvorgang teilnehmen und die eingelegte Stange senkrecht zu ihrer Längsachse stauchen, biegen oder lochen. Sie muß dann bereits vor dem Schließen der Klemmbacken Kräfte ausüben können.

02 Der Umformvorgang in der Waagerecht-Stauchmaschine

Die wichtigsten Umformvorgänge in der Waagerecht-Stauchmaschine sind das Stauchen, das Lochen und das Durchlochen, die sämtlich sowohl mit dem Stempel als auch mit den Klemmbacken erfolgen können. Unter Lochen soll hier das verdrängende Lochen zur Herstellung von nicht durchgehenden Löchern verstanden werden (siehe Abb. 3). Hierbei ist im Gegensatz zum Fließpressen der Außendurchmesser der zu lochenden Zwischenform kleiner als der Außendurchmesser der Endform, so daß der Werkstoff beim Lochen zur Seite verdrängt wird. Das Warmfließpressen ist mit dem

Hauptstempel möglich, und zwar ohne Sondereinrichtungen zum Halten und Einlegen der Werkstücke nur rückwärts. Weitere Formgebungsmöglichkeiten sind noch das Biegen mit Hauptstempel und Klemmbacken und das Abscheren mit den Klemmbacken.

Aus dem Aufbau der Maschine und der Ausbildung der Werkzeuge folgt, daß gedrungene Formen ($l \approx b \approx h$) und Scheibenformen ($l \approx b > h$) [2] - besonders wenn sie zylindrische oder kegelige Ansätze oder zentrische Bohrungen haben - gut hergestellt werden können. Das gleiche gilt für Langformen ($l > b \geq h$) mit gerader Längsachse ohne Nebenformelemente oder mit symmetrisch zur Achse liegenden Nebenformelementen. Herstellbar sind auch offene oder geschlossene Gabelungen und Langformen, die in einer Ebene gekrümmt sind, mit den gleichen Nebenformelementen. Schwer oder nicht herzustellen sind dagegen Langformen, die nicht nur an einzelnen Stellen, sondern auf der ganzen Länge umgeformt werden müssen, Langformen mit unsymmetrisch zur Längsachse liegenden Nebenformelementen, mit mehreren Nebenformelementen und in zwei Ebenen gekrümmte Langformen. Die Dreiteilung der Werkzeuge hat zur Folge, daß Werkstücke ohne Schrägen oder mit nur geringen Neigungen und Teile mit Unterschneidungen geschmiedet werden können; die Klemmung erlaubt, die Stempelwerkzeuge von achsparallelen Formflächen ohne Schräge abzuziehen.

Eine Begrenzung in den Formgebungsmöglichkeiten ist bei Schmiedestücken mit Schaft auch durch die Größe des anzustauchenden Volumens gegeben. Da man beim Anstauchen ein Ausknicken der Stangen verhindern muß, kann (in einer Operation) nur ein begrenztes Volumen angestaucht werden. Ist das anzusammelnde Volumen so groß, daß drei oder mehr Zwischenformungen zur Massenverteilung nötig sind, dann dürfte die Verwendung einer Elektro-Stauchmaschine zweckmäßiger sein, da dann meist nicht mehr in einer Wärme und in einer Maschine fertig geschmiedet werden kann. Je nach der Zahl der noch notwendigen Formgebungsstufen ist neben der Kombination von Elektro-Stauchmaschine - Spindelpresse auch die Kopplung Elektro-Stauchmaschine - Waagerecht-Stauchmaschine zweckmäßig. Die Waagerecht-Stauchmaschine allein wird man also anwenden, wenn an einer Umformstelle nicht mehr Operationen nötig sind als die Maschine Umformstationen hat.

Eine Formenanordnung für Waagerecht-Stauchmaschinen soll die typischen Stauchmaschinenteile in Formengruppen einordnen (Abb. 3); sie soll und kann lediglich die wichtigsten Formen erfassen (s.a. [3]). Die Ordnungs-Gesichtspunkte sind in mehreren Zeilen angegeben, deren einzelne Felder den drei hauptsächlichen Bearbeitungsarten - Stauchen, Lochen, Durchlochen - zugeordnet sind.

Als erster Ordnungsgesichtspunkt wurde in Zeile I die kennzeichnende Umformung gewählt, da nicht nur Kraft- und Arbeitsbedarf hiervon abhängen, sondern auch die Zwischenformung. Die Zeile II gibt die geometrischen Grundformen an, gekennzeichnet durch das Verhältnis von Enddurchmesser zu Endhöhe. Bei Teilen mit Absätzen muß man von Fall zu Fall entscheiden, ob aus verschiedenen Maßen ein Mittelwert gebildet wird oder zweckmäßiger die größten Abmessungen einzusetzen sind. Es werden hier nur die umgeformten Stellen berücksichtigt, während Schäfte nicht betrachtet werden. In der Zeile III wird das Verhältnis von Enddurchmesser zu Stangendurchmesser als Einteilungsmerkmal benutzt. Ist dieser Wert klein, dann sind keine oder nur eine Operation zur Massenverteilung nötig, man kann u.U. sofort fertig schmieden. Ist das Verhältnis dagegen groß, dann sind mehr Zwischenformungen nötig, um so mehr, je kleiner d_1/h_1 bei gleichem d_1/d_0. Die ersten drei Zeilen lassen also Aussagen über Umformkräfte und -Arbeiten und über die Zahl der Zwischenformungen zu. Die vierte Zeile kennzeichnet die Größe des Lochdurchmessers im Verhältnis zum Außendurchmesser.

Die restlichen Zeilen betreffen die Werkzeugausbildung und den Ablauf des Umformvorganges. So ist es für Kräfte und Arbeiten belanglos, ob ein Teil ohne Schaft geformt oder ob das gleiche Formelement an eine Stange angestaucht wird. Es ist hierfür auch gleichgültig, ob eine Umformung mit dem Hauptstempel oder den Klemmbacken erfolgt. Dagegen ist die Werkzeugausbildung verschieden, wenn z.B. quer zur Längsachse oder in der Längsrichtung gelocht oder gestaucht werden soll. Wird eine Scheibe geschmiedet, so ist im Vergleich zum Anstauchen an eine Stange noch ein zusätzlicher Schervorgang erforderlich. Will man das Anschmieden von Köpfen an Stangen automatisieren, so hat der Vorschub mit einer Fördereinrichtung quer zur Hauptbewegung zu erfolgen. Wird von der Stange geschmiedet, so ist nach dem Abschmieden eines Teiles ein Vorschub in Richtung der Hauptbewegung zweckmäßig.

Die Werkstücke können durch Buchstaben und Zahlen gekennzeichnet werden. Die Zahlen dienen zur Bezeichnung der Umformart, der Grundform und der Verhältnisse d_1/d_0 und d_2/d_1, und zwar entsprechen die Stellenwerte dieser Reihenfolge. Die übrigen Ordnungsgrößen werden zweckmäßig mit Buchstaben bezeichnet, die Länge des Schaftes stets, die übrigen nur bei einer Abweichung von einer als Normalfall angesehenen Form.

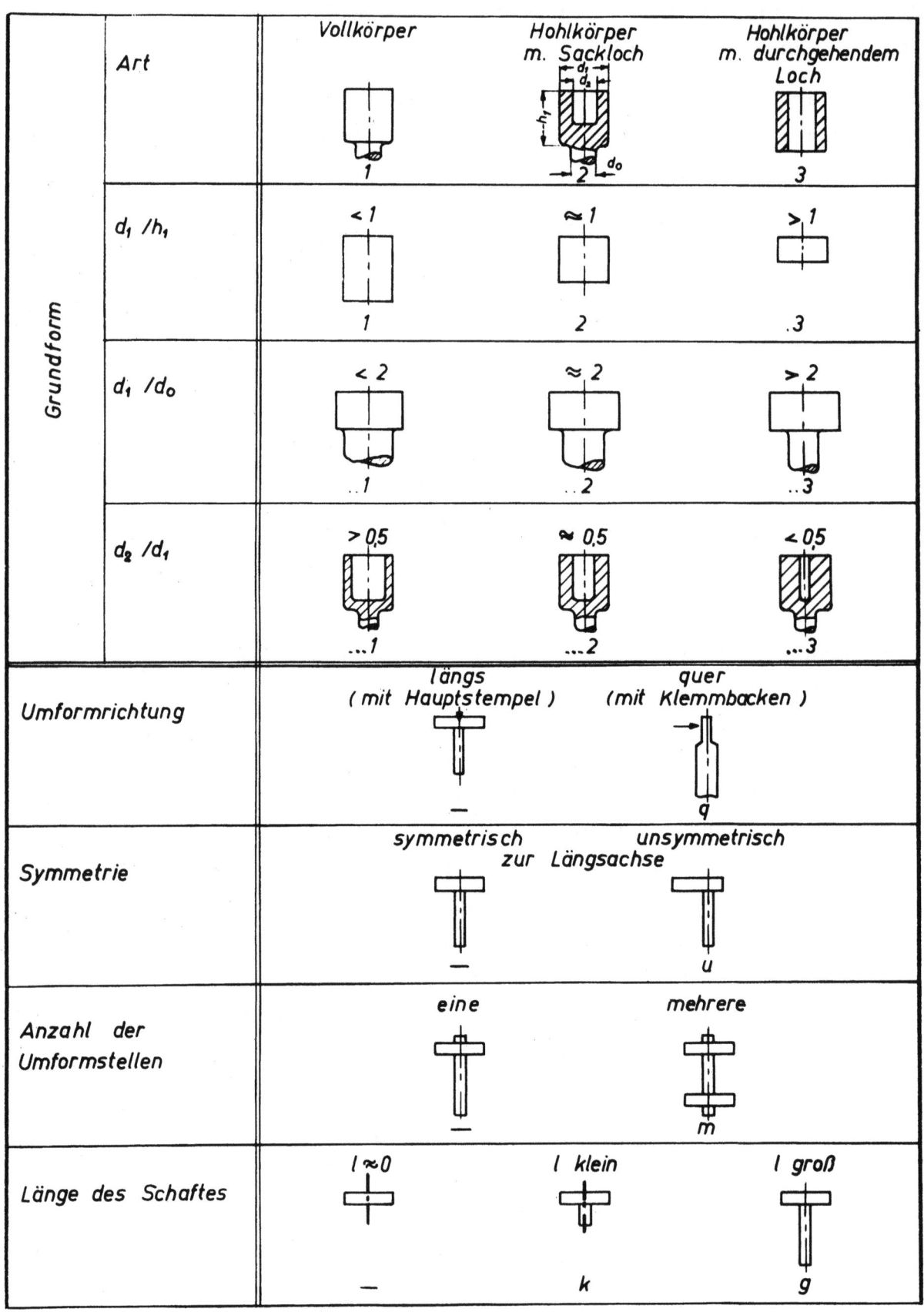

Abbildung 3

Schmiedestücke aus der Waagerecht-Stauchmaschine

03 Ziel und Abgrenzung der Untersuchung

Der Zweck von Fertigungsvorgängen ist die Erzeugung von bestimmten Formen mit einer beherrschten Genauigkeit (Maß-, Form-, Lage- und Oberflächengenauigkeit) und günstigen Werkstoffeigenschaften in großen Stückzahlen je Zeiteinheit. Hauptgeometrie, Fehlergeometrie und Mengenleistung sind die wichtigsten Kennzeichen eines jeden Fertigungsverfahrens [4]. Die Hauptgeometrie von Schmiedestücken bestimmt die Umformkräfte und -arbeiten sowie die Zahl und Art der nötigen Zwischenformungen. Es geht also zunächst darum, diese Größen für die verschiedenen Formenklassen festzulegen. Die Fehlergeometrie wird außer von der Führungsgenauigkeit der Maschine, der Genauigkeit der Werkzeuge, dem Wärmvorgang, vor allem von den Rückwirkungen der Umformkräfte auf Maschine und Werkzeug beeinflußt. Auch die Zwischenformung ist von großem Einfluß auf die Genauigkeit, da von ihr der Verschleiß der Endgravur maßgeblich abhängt. Die Mengenleistung schließlich wird von ihr ebenfalls mitbestimmt.

Damit ergeben sich als Hauptaufgaben für die Untersuchung des Umformvorganges die Bestimmung von Umformkräften und Arbeiten, die Festlegung der Zwischenformen und die Betrachtung der Arbeitsgenauigkeit.

Es wurde deshalb das für Waagerecht-Stauchmaschinen typische Anstauchen betrachtet, und zwar sowohl das freie Anstauchen als auch das Anstauchen im Gesenk, weiter das Stauchen in Gesenken, das Lochen und das Verhalten der Klemmbacken während des Umformvorgangs. Die Schwierigkeit bei der Untersuchung von Umformungen in Gesenken liegt darin, daß bei einer Änderung von Einflußgrößen meist auch die Werkzeugabmessungen geändert werden müssen, d.h. eine Nacharbeit der Gravur oder ein neues Werkzeug nötig ist.

1 Zur Versuchsdurchführung

Die Versuche wurden in einer Waagerecht-Stauchmaschine mit senkrechter Klemmbackenteilung und abgeleitetem Klemmbackenantrieb (Hersteller: Kieserling & Albrecht, Solingen, Modell SA 1) durchgeführt.

Maschinenkenngrößen:

Größte Kraft in Klemm- und Stauchrichtung:	120 t
Nutzhub (Weg des Hauptstempels nach Schließen der Klemmbacken):	95 mm

Nutzarbeitsvermögen bei Einzelhub[2]:   1700 mkg

Weg der beweglichen Klemmbacke: 64 mm

Hubzahl: 85 min^{-1}

Gesamtfederzahl des Stauchtriebs[2]:   37 t/mm
(Lagerspiel: 0,3 mm)

Gesamtfederzahl des Klemmtriebs[2]:   55 t/mm
(Lagerspiel: 0,4 mm)

Bei allen Versuchen wurde gewalzter Rundstahl aus C 15 verwendet. Die Stangen wurden in einem gasgeheizten Stangenwärmofen erwärmt. Die Zunderbildung wurde durch Aufsetzen von Schutzhülsen in Grenzen gehalten. Mit Rücksicht auf die Anbringung von Meßgeräten wurde immer in dem oberen Klemmbackenpaar geschmiedet. Die Stangen wurden mit einer Temperatur in die Gravur eingelegt, die etwa 50° höher war als die Umformtemperatur. Die Stangen kühlten sich dann auf die gewünschte Umformtemperatur ab. Die Temperaturabnahme wurde mit einem Teilstrahlungspyrometer verfolgt, das auf die Mitte des außerhalb der Klemmgravur liegenden Stangenabschnitts gerichtet war. Beim Erreichen der Umformtemperatur löste der Beobachter den Umformvorgang aus.

Die Kräfte wurden mit Kraftgebern gemessen, die mit Dehnmeßstreifen beklebt waren. Zu diesem Zweck war der Stempelhalter vorn zylindrisch ausgebildet (Abb. 4). Auf dem Umfang waren je vier 120-Ω-Streifen im Aktiv- und Passivzweig gleichmäßig verteilt. Die Werkzeuge wurden entweder unmittelbar in den Stempelhalter eingeschraubt oder über ein Zwischenstück in ihm befestigt. Die Bohrung im Stempelhalter reichte nicht in die mit Dehnmeßstreifen beklebte Zone des Halters hinein. Zur Messung der Klemmkräfte wurde ein 2-Säulen-Meßgestell benutzt, das auf der feststehenden Klemmbackenseite angeordnet war und vorn eine Aufnahmeplatte für die Klemmbacke trug (Abb. 5). Die beiden Säulen schalteten wir hintereinander oder benutzten sie einzeln, um die Kraft an der Gravur- und der Klemmseite getrennt zu messen.

Für die Messung des Stempelweges wurde ein induktiver Verschiebungsgeber der Fa. Philips verwendet. Da die größte Auslenkung dieser Geber nur ± 1,5 mm beträgt, wurde die Stempelbewegung durch einen kegeligen Stift auf den Geber übertragen (Abb. 6). In der Abbildung ist der

---

2. nach [5]

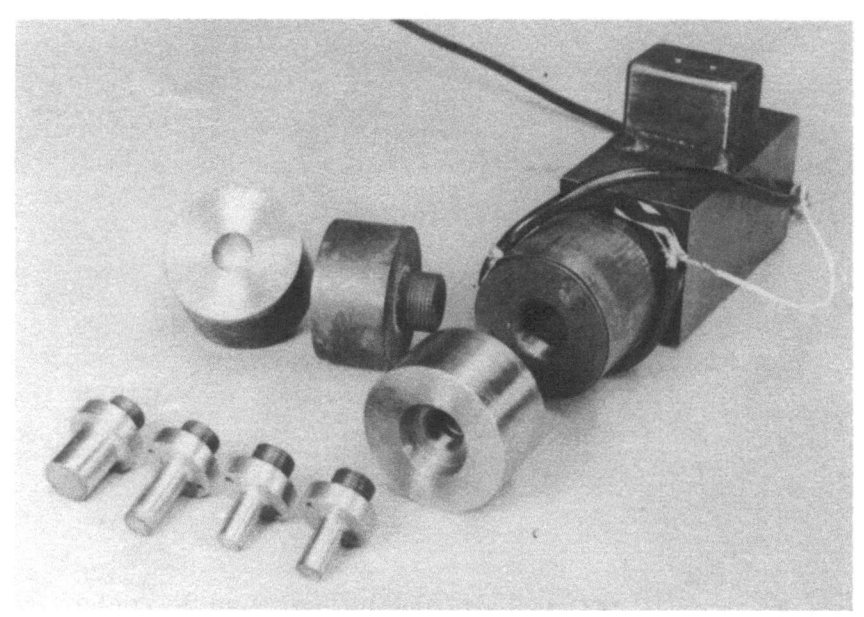

Abbildung 4

Stempelhalter mit Kraftgeber (Dehnmeßstreifen auf zylindrischem Teil durch Schutzhülse verdeckt); davor: Zwischenstück und zwei Stempel zum Anstauchen von Kegeln. Vorn: 4 Stempeleinsätze

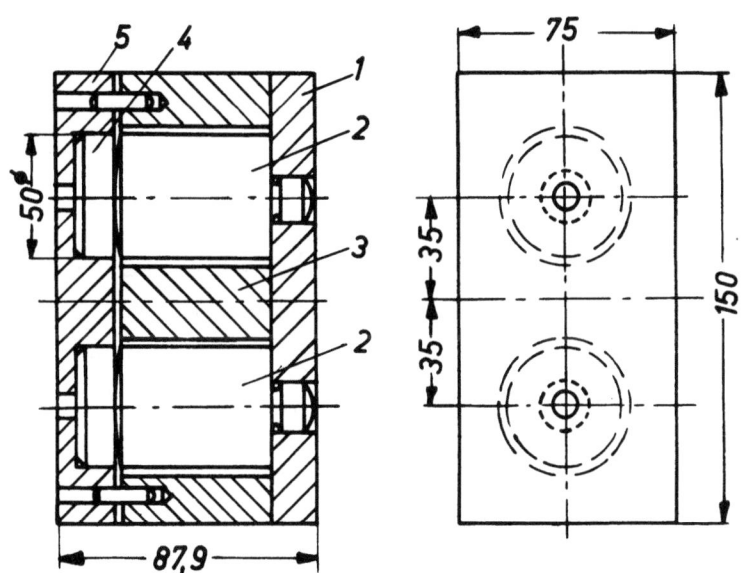

Abbildung 5

2-Säulen-Kraftmeßgestell

1 Grundplatte, 2 Meßsäule, 3 Mittelstück,
4 Druckplatte, 5 Werkzeugplatte

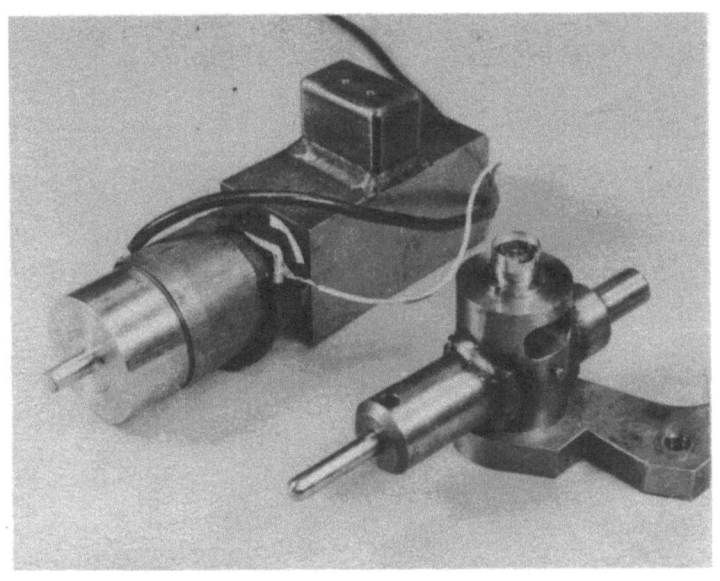

a) einbaufertiger Stempelhalter und Weggeber

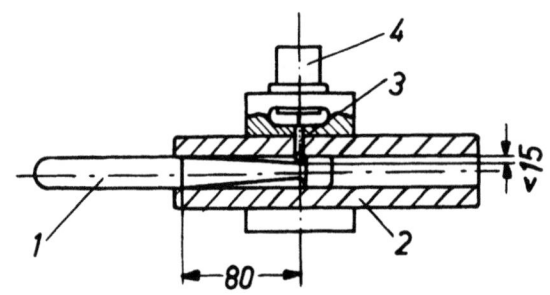

b) Schema des Weggebers.
1 Kegelbolzen, 2 Führung, 3 Übertragungsstift, 4 Verschiebungsgeber

Abbildung 6
Kraft- und Weggeber für den Hauptstempel

Kegelbolzen teilweise aus der Führung herausgezogen, der Verschiebungsgeber ist in der Mitte des Gehäuses eingeschraubt. Der Geber war auf der feststehenden Klemmbacke befestigt, der Kegelstift wurde von einem am Stempelhalter befestigten Anschlag verschoben (Abb. 7).

Bei zahlreichen Versuchen wurde auch die relative Bewegung der beiden Klemmbacken während des Schmiedens gemessen. Zu diesem Zweck waren auf der feststehenden Klemmbacke auf Klemm- und Gravurseite je ein Philips-Verschiebungsgeber angeordnet, die unmittelbar von zwei auf der beweglichen Klemmbacke angebrachten Anschlägen verschoben wurden. Hier kam es auf die genaue Aufzeichnung der kleinen gegenseitigen Verlagerungen der Klemmbacken während des Umformens an, so daß eine Übersetzung

unnötig und unzweckmäßig gewesen wäre. Die Lage der Geber geht aus der
Abbildung 8 hervor.

Abbildung 7

Werkzeugraum der Waagerecht-Stauchmaschine mit Kraft- und Weggeber

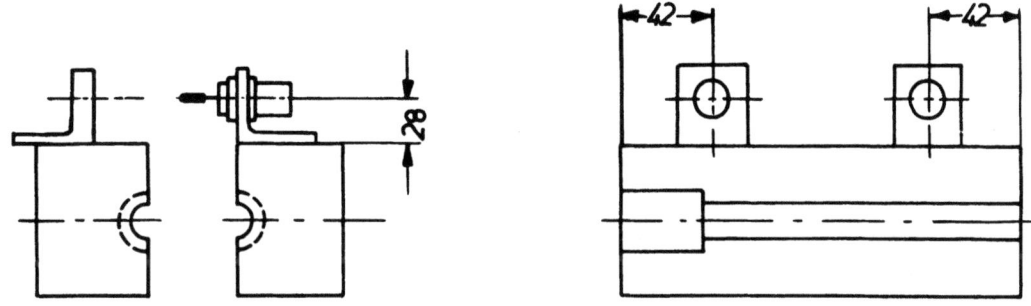

Abbildung 8

Anordnung der Verschiebungsgeber auf den Klemmbacken

Kräfte und Wege wurden von einem Oszillographen aufgezeichnet. Ein im
Oszillographen eingebauter Zeitmarkengeber schrieb eine 1000-Hz-Zeitmarke.

2 Das Anstauchen in Waagerecht-Stauchmaschinen

Die Massenverteilung besteht beim Schmieden in der Waagerecht-Stauchmaschine hauptsächlich im Anstauchen von Stangen- und Stangenabschnitten. Wenn Werkstücke mit Schaft herzustellen sind, ist man hierbei an einen bestimmten Ausgangsdurchmesser gebunden; die Länge des anzustauchenden Stangenendes richtet sich dann nach dem Volumen des Fertigteils. Wenn das Stauchverhältnis s, das Verhältnis der freien, nicht in den Klemmbacken gespannten Stangenlänge l_o zum Durchmesser d_o, bestimmte Werte überschreitet, knickt die Stange beim Stauchen aus (Abb. 9). Die Folge sind: gestörter Faserverlauf, einseitige Werkstoffansammlung, Faltenbildung, beim Stauchen im Gesenk einseitige Gratbildung und unvollständige Ausfüllung der Gravur.

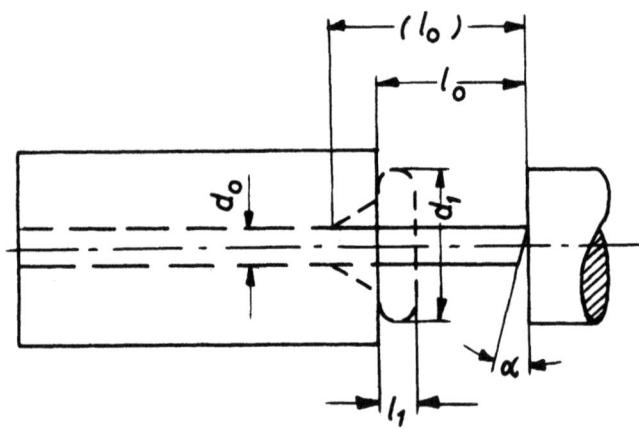

Abbildung 9
Freies Anstauchen in der Waagerecht-Stauchmaschine

21 Freies Anstauchen

In älteren Quellen wird meist angegeben, daß $s_{zul} = 3$ sei. Nach OLBRICH [6] ist das Stauchverhältnis vom Ausgangsdurchmesser abhängig, und zwar soll dieser Wert mit zunehmendem Durchmesser kleiner werden.

$$l_{o\ max} = 1{,}88\ d_o^{1,12} \quad \text{oder} \quad s_{zul} = 1{,}88 \cdot d_o^{0,12}$$

Nach STROBEL und WAGNER [7] ist:

$$l_{o\ max} = 0{,}01\ d_o^2 + 2{,}5\ d_o \quad \text{oder} \quad s_{zul} = 0{,}01\ d_o + 2{,}5$$

Nach beiden Formeln wird das zulässige Stauchverhältnis größer als 3, wenn d_o größer als 50 mm wird.

Nach BRUCHANOW und REBELSKI [8] ist s_{zul} vom Durchmesser, vom Zustand des Stangenendes (gesägt oder geschert), von der Schräge des Stangenendes (Größe des Winkels α ; s. Abb. 9) und von der Art des Stempels (eben, mit Eindrehung, mit Vorlochdorn) abhängig. Es gelten im einzelne

für $\alpha < 2°$, Stangen mit Säge oder durch sauberen Scherschnitt getrennt:

$$s_{zul} = 2 + 0,01 \, d_o < 3$$

$\alpha = 2 - 6°$:

$$s_{zul} = 1,5 + 0,01 \, d_o < 2,5$$

$\alpha = 2°$, Stempel mit Lochdorn:

$$s_{zul} = 1,5 + 0,01 \, d_o < 2$$

$\alpha = 2 - 6°$:

$$s_{zul} = 1 + 0,01 \, d_o < 1,5$$

Nach BILLIGMANN [9] ist bei $s = 3$ ein einwandfreier Faserverlauf nicht mehr zu erreichen. Man lasse jedoch häufig beim Warmstauchen eine gewisse Knickung der Fasern zu. Die Grenze des Stauchverhältnisses sei im übrigen unabhängig von Temperatur und Werkstoff. Sie betrage für ebene Stempel 2,3, für Stempel mit einer Eindrehung, die das Ausweichen des freien Stangenendes verhindert, etwa 2,5 bis 2,6. In Abbildung 10 sind die genannten Werte in Abhängigkeit vom Durchmesser aufgetragen.

Da die Angaben über das zulässige Stauchverhältnis stark schwanken, sollten eigene Versuche Aufschluß über dessen Wert geben. Als Einflußgrößen wurden die Temperatur, die Schräge des Stangenendes, der Zustand des Stangenendes (gesägt oder geschert) und der Durchmesser betrachtet. An den gestauchten Proben wurde die Außermittigkeit bestimmt. Zu diesem Zweck wurden die angestauchten Köpfe von den Stangen in der Weise abgeschnitten, daß noch ein kurzes Stück der Stange am Kopf blieb. Diese Teile wurden einmal mit dem Stangenende, alsdann mit dem Kopf im Futter einer Drehbank gespannt und jeweils zentriert. Der Mittenabstand der beiden Zentrierbohrungen gibt die Außermittigkeit des angestauchten Kopfes gegenüber der Stange an. Er wurde unter einem Profilprojektor bei zwanzigfacher Vergrößerung gemessen. Die Außermittigkeit ist eine Folge des Ausknickens beim Anstauchen, das eine einseitige Werk-

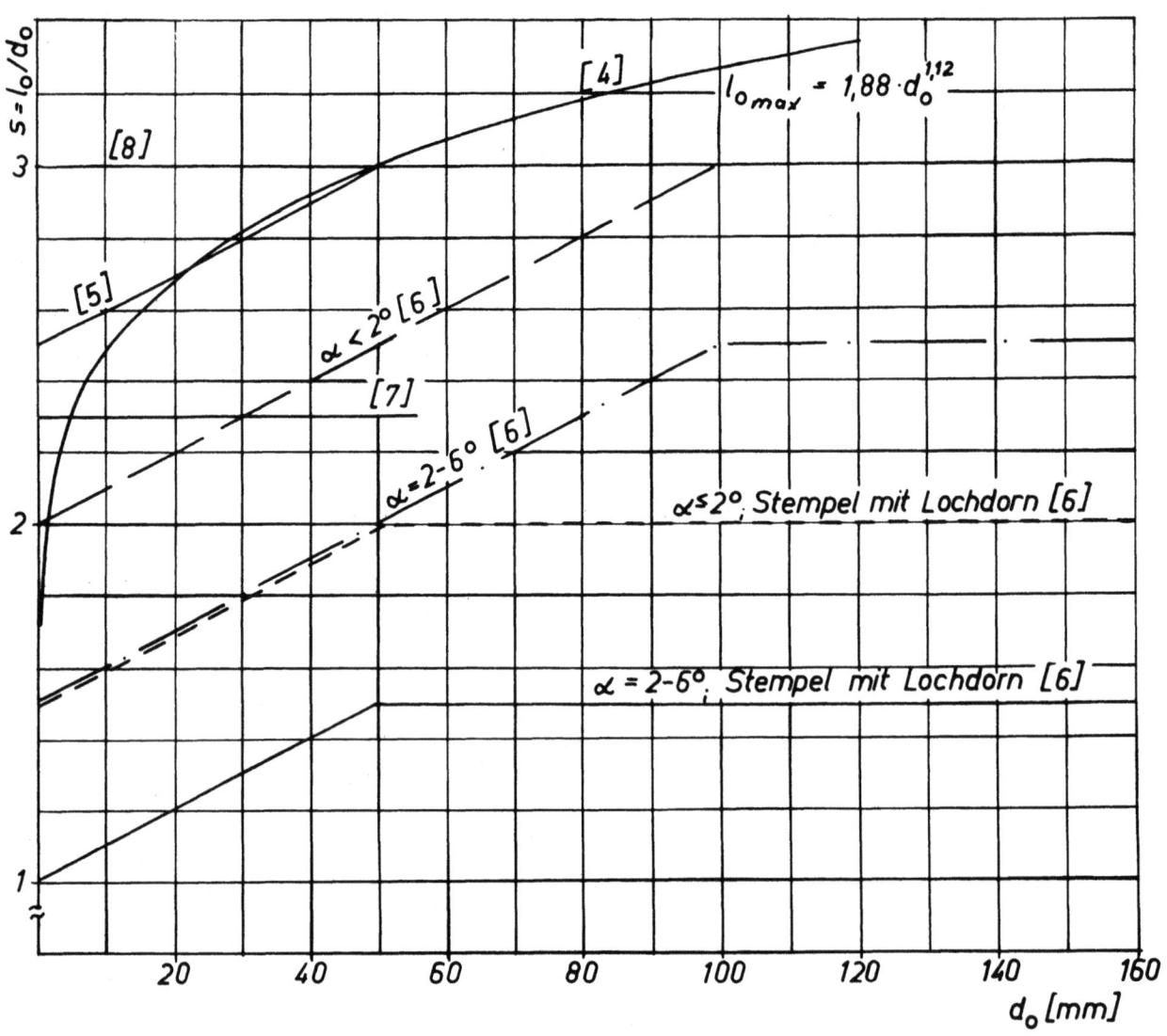

Abbildung 10
Das zulässige Stauchverhältnis in Abhängigkeit
vom Stangendurchmesser nach Schrifttumsangaben

stoffansammlung verursacht und läßt daher Rückschlüsse auf den einwandfreien Verlauf des Stauchvorgangs zu. Sie wurde deshalb über dem Stauchverhältnis aufgetragen. Die Kurven, die durch die Mitten der Streubereiche gezeichnet wurden, verlaufen zunächst parallel zur Abszissenachse, d.h., die Außermittigkeit ist unabhängig vom Stauchverhältnis. Von bestimmten Werten des Stauchverhältnisses ab nimmt die Außermittigkeit dann zu. Diese Zunahme über die normalen Werte hinaus muß durch das Ausknicken der Stange verursacht sein, so daß die Stelle, wo der Anstieg beginnt, als Grenze für das Stauchverhältnis angesehen werden kann.

Der Stangendurchmesser hat im betrachteten Bereich keinen erkennbaren Einfluß auf s_{zul} (Abb. 11). Dieser war allerdings durch die zur Verfügung stehende Maschine stark begrenzt. Der Nutzhub betrug nur 95 mm, so daß Durchmesser über 35 mm mit dieser Maschine nicht mehr untersucht werden konnten. Stangen mit weniger als 10 mm Durchmesser eigneten sich wegen der schnellen Abkühlung nicht.

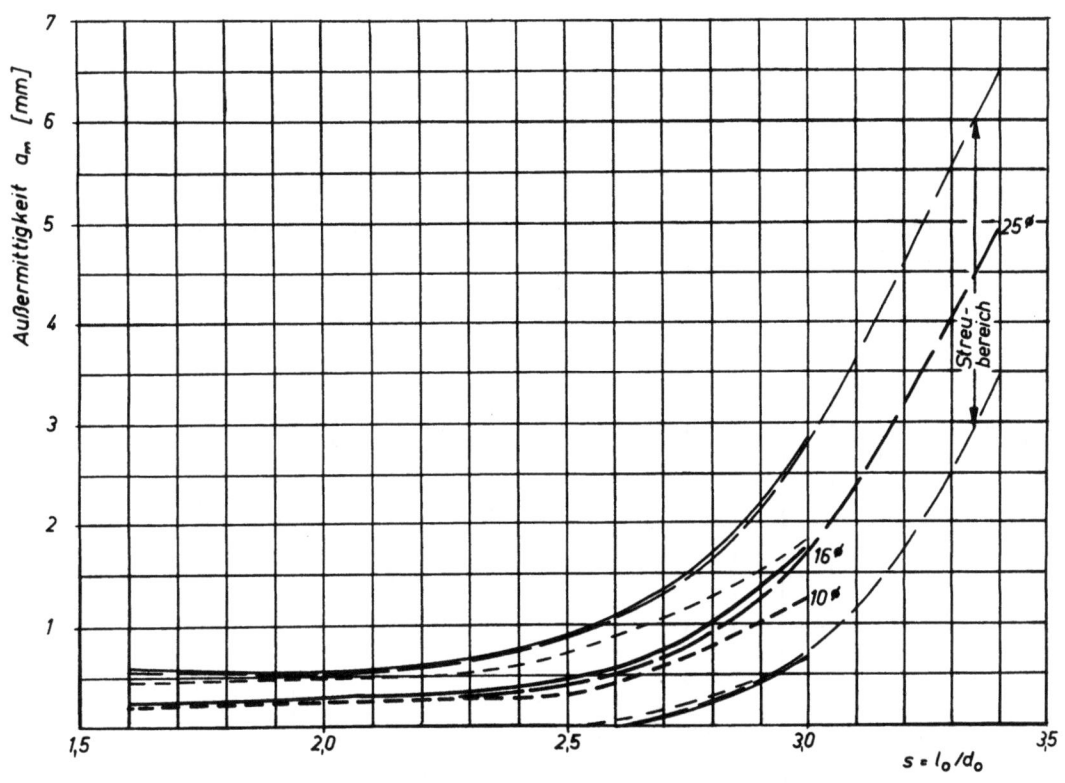

A b b i l d u n g 11

Abhängigkeit der Außermittigkeit vom Stauchverhältnis und dem Stangendurchmesser (C 15, $\vartheta = 1040°$, $\alpha = 0,2 - 0,5°$, gesägt, $\varphi_1 = 1,6$)

Im genannten Durchmesserbereich liegt der Mittelwert der Außermittigkeit bis s = 2,1 zwischen 0,25 und 0,3 mm, der Streubereich reicht von 0 bis 0,6 mm, bei s = 2,6 ist er bereits auf 0 bis 1,0 mm angewachsen. Für alle größeren Werte liegt die untere Streugrenze über der Nullinie, d.h. sämtliche angestauchten Teile sind jetzt außermittig. Nach den Kurven ist unter den gegebenen Verhältnissen ($\alpha < 0,5°$; Stange gesägt) mit einem Ausknicken zu rechnen, wenn das Stauchverhältnis größer als 2,1 bis 2,2 wird. Läßt man kleinere Fehler im Faserverlauf zu, so kann man s bis 2,5 wählen. Bei größeren Werten wird die Außermittigkeit so groß, daß mit einseitiger Gratbildung im weiteren Verlauf des Stauchens im Gesenk zu rechnen ist. Bei s = 3,0 sind bereits Querfalten vorhanden, bei noch größeren Werten kommt es zu Querrissen.

In Abbildung 12 ist die auf den Stangendurchmesser bezogene Außermittigkeit dargestellt. Aus diesem Schaubild folgt, daß mit zunehmendem Durchmesser ein größeres Stauchverhältnis zugelassen werden kann, wenn die bezogene Außermittigkeit gleichbleiben kann. Für a_m/d_o = 0,024 ist s = 2,2; 2,4 und 2,65 bei d_o = 10, 16 und 25.

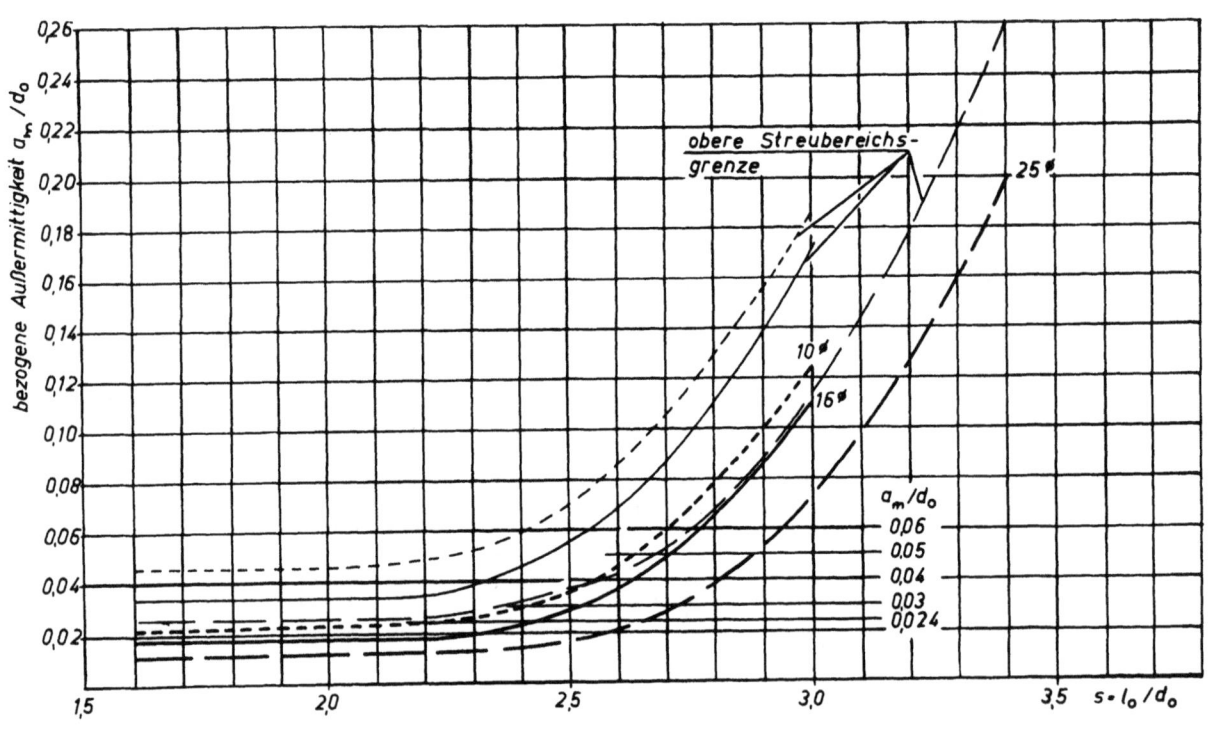

A b b i l d u n g   12

Abhängigkeit der bezogenen Außermittigkeit vom Stauchverhältnis und dem Stangendurchmesser (C 15, ϑ = 1040°, α = 0,2 - 0,5°, gesägt, φ_1 = 1,6)

Ein sicherer Einfluß der <u>Temperatur</u> auf das zulässige Stauchverhältnis läßt sich im Bereich von 940 bis 1240° nicht nachweisen. Ihr Einfluß ist auf jeden Fall so gering, daß er für die Praxis ohne Bedeutung ist.

Der Einfluß der <u>Stempelform</u> geht aus Abbildung 13 hervor. Hier werden ein ebener Stempel und ein Stempel mit einer 3 mm tiefen Eindrehung von 26 mm Durchmesser miteinander verglichen. Es wurden Stangen mit 25 mm Durchmesser gestaucht. Die Außermittigkeit ist im letzteren Fall bis s = 2,5 nur halb so groß wie beim ebenen Stempel, er beginnt erst bei s = 2,4 anzusteigen, im ersten Fall dagegen schon bei 2,2. Man kann also mit einem derartigen Stempel etwas größere Stauchverhältnisse erreichen.

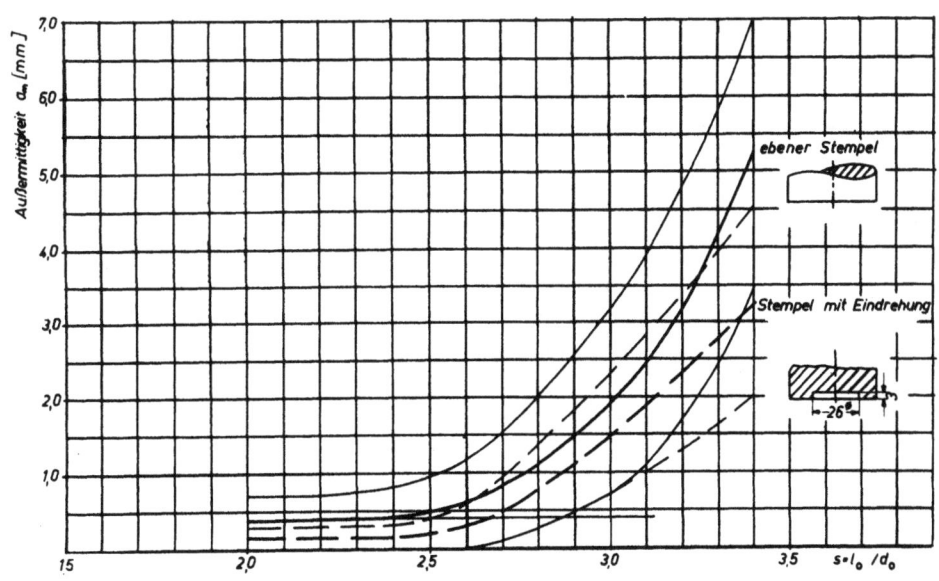

Abbildung 13

Abhängigkeit der Außermittigkeit vom Stauchverhältnis und der Stempelform (C 15, d_o = 25 mm, α = 0,2 - 0,5°, gesägt, φ_1 = 1,6, ϑ = 1140°)

Bei außermittigem Kraftangriff an der Stange wird das zulässige Stauchverhältnis verringert. Dieser kann durch eine schräge Stangenfläche oder eine Schrägstellung des Stempels hervorgerufen werden. In der Regel werden sich beide Einflüsse überlagern. Bei einem Winkel von 0,2 bis 0,5° beträgt s_{zul} etwa 2,2; bei α = 3° ist bereits bei s = 1,8 eine Zunahme der Außermittigkeit zu beobachten (Abb. 14). Eine weitere Vergrößerung des Winkels auf 6° setzt diesen Grenzwert nicht mehr weiter herab, vergrößert jedoch die Außermittigkeit bei größeren Werten des Stauchverhältnisses. Die Winkel von 0,2 bis 0,5° ergaben sich bei Versuchen mit senkrecht zur Achse gesägten Stangen. Beim Festspannen des Stempels wurde dieser jedoch gekippt, wie sich beim Ausmessen der Proben zeigte. Die Schrägstellung des Stempels muß sich ebenso auswirken wie ein abgeschrägtes Stangenende. Die Größe des Winkels wurde aus den Probenabmessungen berechnet (Abb. 15). Hierbei wird vorausgesetzt, daß unter der Wirkung der Stauchkraft keine Vergrößerung dieses Winkels erfolgt ist (entscheidend ist in diesem Fall die Schrägstellung beim Auftreffen des Stempels).

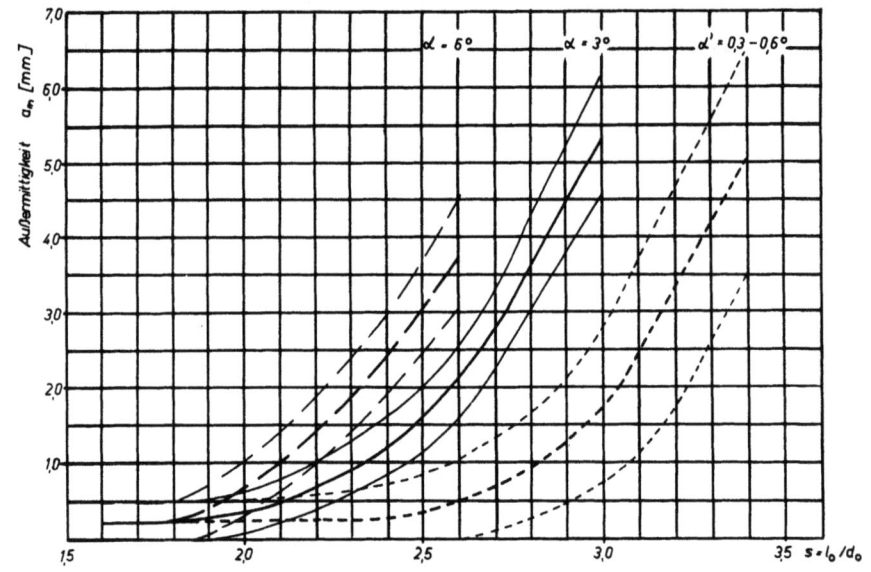

Abbildung 14

Abhängigkeit der Außermittigkeit vom Stauchverhältnis und dem Stempelwinkel (C 15, $\vartheta = 1140°$, $d_o = 25$ mm, gesägt, $\varphi_1 = 1,6$)

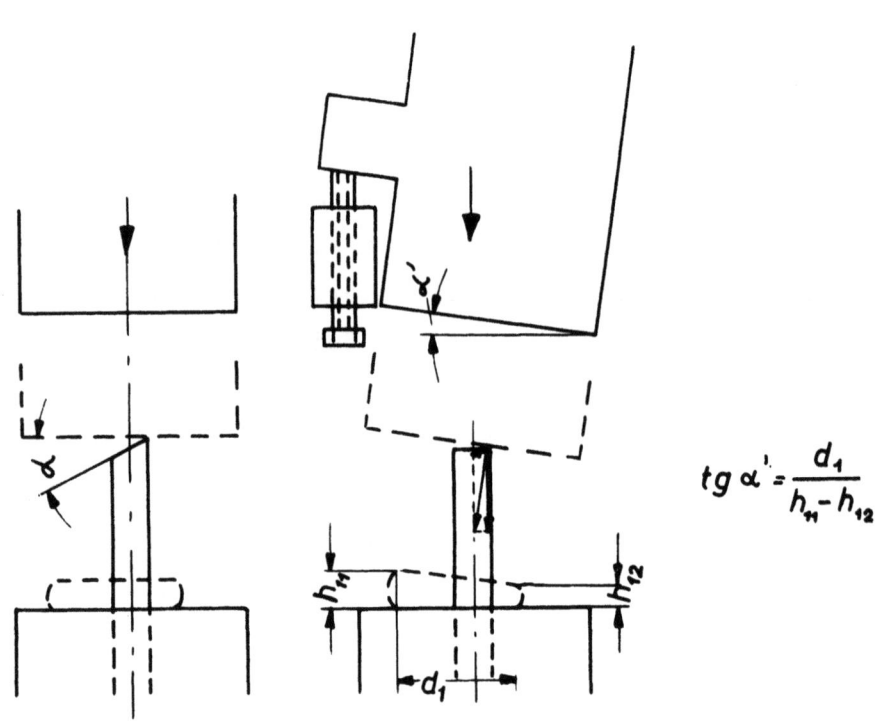

Abbildung 15

Schrägstellung des Stempels beim Festspannen

Auch die <u>Ebenheit der Stangenfläche</u> beeinflußt s_{zul} (Abb. 16). Eine gescherte Stangenfläche hat ein zulässiges Stauchverhältnis $s_{zul} = 1,8$ gegenüber 2,2 bei gesägten Flächen. Es ist ebenso groß wie bei abgeschrägten Flächen mit Winkeln von 3 bis 6°; der Streubereich ist aber wesentlich größer. Das ist auf die Ungleichmäßigkeit der gescherten Flächen zurückzuführen. Die Stangen waren auf einer Knüppelschere im kreuzenden Schnitt geschert worden; dabei wurden die Stangen von Hand gehalten. Das Aussehen der Scherfläche war daher sehr ungünstig.

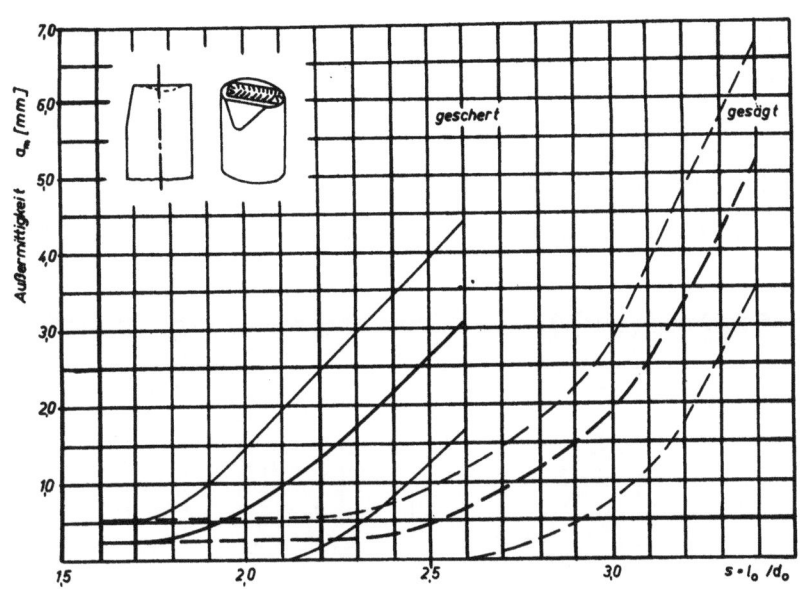

Abbildung 16

Abhängigkeit der Außermittigkeit vom Stauchverhältnis und der Stangenendfläche (C 15, ϑ = 1140, d_o = 25 mm, α = 0,2 - 0,5°, φ_1 = 1,6)

Das <u>Längenverhältnis</u> l_1/l_o (l_1 = Höhe des angestauchten Kopfes, l_o = Länge vor dem Stauchen) hat im Bereich 0,5 < φ < 2,0 [φ = ln (l_1/l_o)] keinen Einfluß auf den Mittenversatz. Die Streubereiche der Stangen mit 16 und 25 mm Durchmesser - für beide war das Verhältnis l_o/d_o = 2,8 - stimmten überein, da Durchmesser und Temperatur sich nicht auf den absoluten Mittenversatz auswirken. Der Streubereich und sein Mittelwert decken sich mit den bei der Untersuchung des Durchmesser- und Temperatureinflusses für l_o/d_o = 2,8 bestimmten Werten, so daß die Messungen einander bestätigen. Auch für 10 mm Durchmesser läßt sich bei l_o/d_o = 2,0 und ϑ = 1040° kein Einfluß von φ erkennen.

22 Anstauchen im Gesenk

221 Anstauchen von zylindrischen Formen

Durch Anstauchen im Gesenk kann man auch bei Stauchverhältnissen größer als 2,3 brauchbare Werkstücke erhalten, wenn der Durchmesser des angestauchten Teiles kleiner ist als das 1,5-fache des Ausgangsdurchmessers. Ferner darf die außerhalb des Gesenks liegende Stangenlänge l_o höchstens die Größe des Stangendurchmessers erreichen. Es soll dann möglich sein, $l_o = 4 \cdot d_o$ zu wählen [9].

Um diese Angaben zu überprüfen, wurden Stangen mit 10 mm Durchmesser angestaucht. Es zeigte sich, daß das Ausknicken der Stangen grundsätzlich nicht verhindert wird, wie nicht anders zu erwarten war. Nur das Ausmaß des Ausknickens kann so weit verringert werden, daß der Faserverlauf nicht mehr wesentlich gestört ist, wenn der Durchmesser des angestauchten Kopfes genügend klein bleibt. Bei $d_1 = 1,3\ d_o$ ist der Faserverlauf noch gut, auch bei großen Stauchverhältnissen (Abb. 17a).

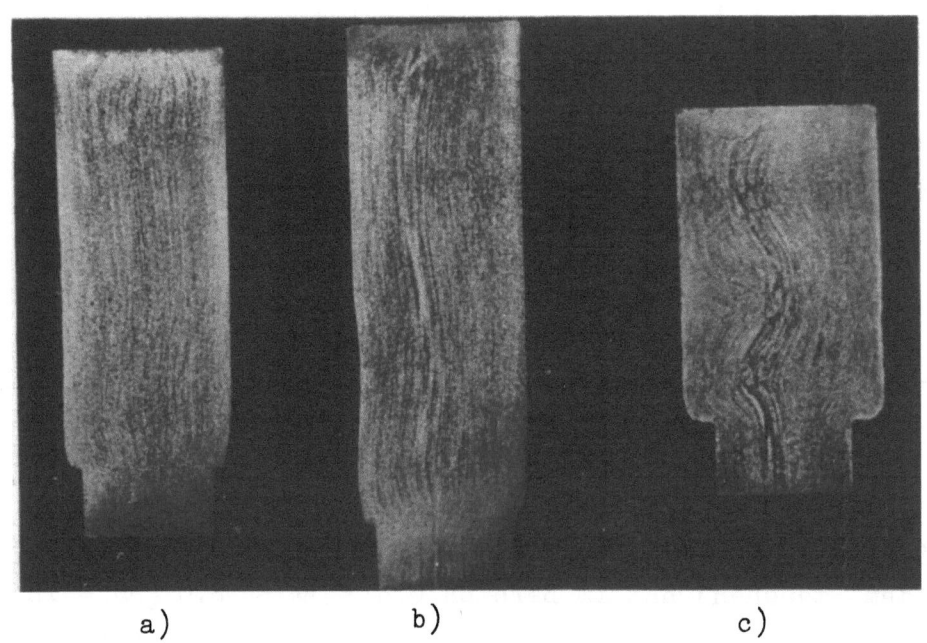

a)   b)   c)

A b b i l d u n g 17

Faserverlauf von zylindrischen Stauchproben

a) $d_1/d_o = 1,3$; s = 5,2; Gravur geschmiert
b) $d_1/d_o = 1,3$; s = 6,3; Gravur geschmiert
c) $d_1/d_o = 1,5$; s = 3,7; Gravur nicht geschmiert

Dagegen ist der Faserverlauf bereits bei s = 3,7 stark gestört, wenn $d_1 = 1,5\ d_o$ (Abb. 17b). Mit zunehmenden Werten von s wird die Zahl der Knickstellen naturgemäß größer (Abb. 17c). Ein ungestörter Faserverlauf ist demnach bei $d_1 > 1,3\ d_o$ nicht mehr zu erreichen, wenn das Stauchverhältnis wesentlich größer als 3 wird.

Ein zweiter Fehler, der sich beim Anstauchen einstellt, ist die unvollständige Gravurfüllung, die abhängig ist vom Stauchverhältnis, der Gratspaltdicke und der Schmierung. Ein Gratspalt ist in der Waagerecht-Stauchmaschine nicht zu vermeiden. Selbst wenn der Stempeldurchmesser so groß gemacht wird, daß theoretisch kein Gratspalt bleibt, öffnen sich die Klemmbacken während des Stauchens elastisch unter der Wirkung der Umformkräfte, so daß ein unbeabsichtigter Gratspalt entsteht. Es gilt nun die Gravur zu füllen, ohne daß sich ein nennenswerter Grat bildet, denn dieser würde in der nächsten Gravur zu Schmiedefehlern führen (Abb. 18).

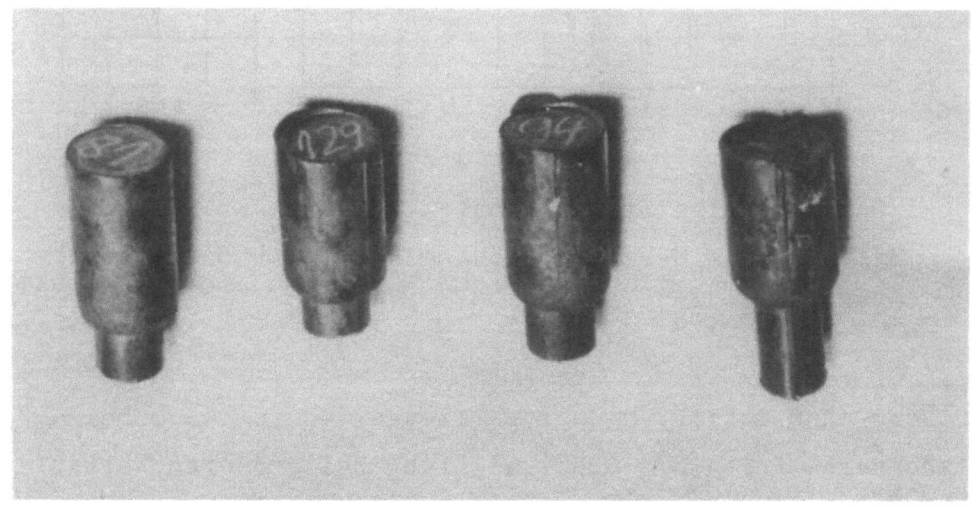

A b b i l d u n g 18
Gratbildung an zylindrischen Stauchproben
(d_1/d_o = 1,5; Gratspalt: links 0,1 sonst 0,3; rechte Probe
nicht geschmiert; s = 5,5; 4,7; 5,5 und 5,0 v.l.n.r.)

Das zulässige Stauchverhältnis, bei dem noch eine Füllung der Gravur ohne Gratbildung erreicht wird, nimmt mit kleiner werdendem Verhältnis d_1/d_o geringfügig zu (Abb. 19). In der gleichen Weise wirkt ein engerer Gratspalt. Schließlich kann durch Schmierung der Gravur der Gleitwiderstand des Werkstoffes an den Werkzeugwänden verringert werden, so daß die Gravur besser gefüllt wird. Eine äußerlich einwandfreie Probe hat aber nicht in jedem Fall einen günstigen Faserverlauf. Dessen kann man nur gewiß sein, wenn $d_1/d_o > 1,3$. Daher wird das Feld in Abbildung 19, das die zulässigen Abmessungen beim Anstauchen zylindrischer Proben angibt, einmal von der durch den Faserverlauf bedingten Grenze, zum anderen von der Linie begrenzt, die sich aus der Forderung nach einer vollständigen Füllung der Gravur ergibt.

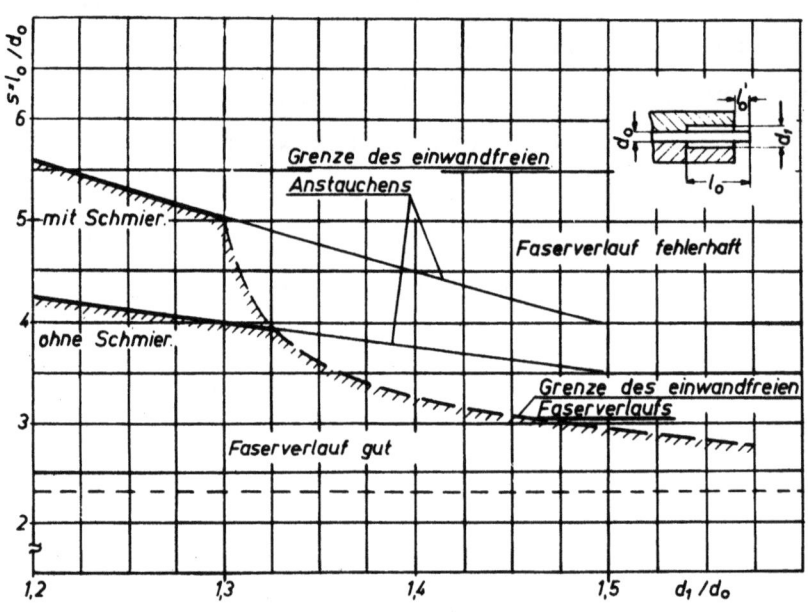

Abbildung 19

Das zulässige Stauchverhältnis beim Anstauchen von Zylindern im Gesenk in Abhängigkeit vom Durchmesserverhältnis (d_o = 10 mm, ϑ = 1140°, s_{gr} = 0,3, l_o' = 0)

Staucht man ohne Schmierung der Werkzeuge, so ist auch bei d_1/d_o < 1,3 ein Stauchverhältnis > 4 nicht möglich. Bei größeren Werten von d_1/d_o muß man mit Rücksicht auf den Faserverlauf noch darunter bleiben. Bei $d_1/d_o \approx$ 1,7 ist die Grenze erreicht, die beim freien Stauchen und auch beim Stauchen im Gesenk für alle größeren Durchmesserverhältnisse gilt. Im Bereich 1 < d_1/d_o < 1,3 kann man größere Stauchverhältnisse zulassen, wenn die Werkzeuge geschmiert und sehr enge Gratspalte gewählt werden.

Schräge Stangenendflächen (α = 3°) sind ohne Einfluß auf Probenform und Faserverlauf. Erst bei α = 6° sind die Ergebnisse etwas schlechter. Auch kegelige Stempel haben bei einem Durchmesserverhältnis d_1/d_o = 1,3 keine Auswirkung auf das zulässige Stauchverhältnis.

222 Anstauchen von kegeligen Formen

Das Anstauchen kegeliger Formen wird in der Praxis bevorzugt, weil sich die Form gut in den Stempel einarbeiten läßt und lange, dünne Stempel, wie sie beim Anstauchen von Zylindern nötig sind, vermieden werden. Der Stempel löst sich leicht ab, und der Werkstoff wird dort angesammelt, wo er für die Endformung nötig ist. Für das Anstauchen von Kegeln werden meist folgende Regeln genannt [7], [9] (Bezeichnungen s. Abb. 20).

1. Größe des mittleren Kegeldurchmessers:

$$d_{1m} = \frac{d_{1g} + d_{1k}}{2} \leq 1,5 \, d_o$$

2. $s = 0,01 \, d_o + 6,5 \leq 7$

3. $l'_o \leq d_o$

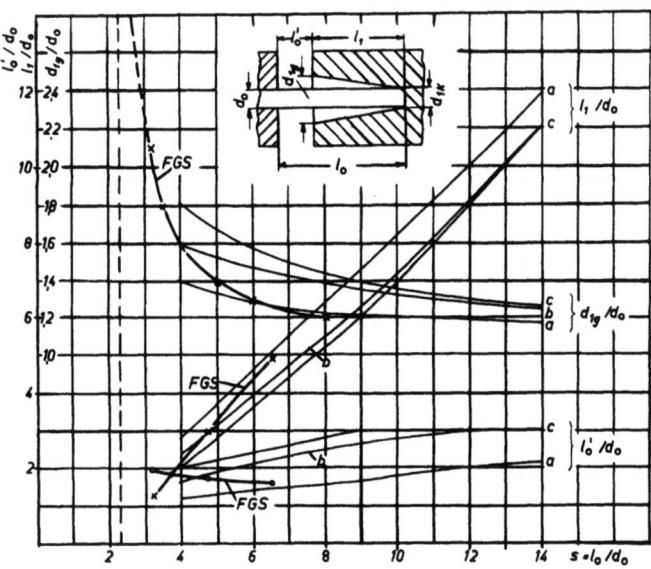

Abbildung 20

Mögliche Abmessungen beim Anstauchen von Kegeln
(Die Kurven gelten für $d_{1k} = d_o$. a): nach FROST,
b): nach DIVELL, c): nach TOMLENOW [8])

Der kleine Kegeldurchmesser d_{1k} wird beim ersten Anstauchen meist gleich dem Stangendurchmesser gewählt. Setzt man $d_{1k} = d_o$, dann kann d_{1g} nach 1. höchstens gleich $2d_o$ werden, außerdem ist aber $l_o = l_1 + l'_o$, so daß d_o und damit auch s nicht mehr gewählt werden können, sondern aus der Bedingung der Volumengleichheit von Ausgangsform und Kegel zwangsläufig folgen.

Mit den Voraussetzungen:

$$d_{1m} = 1,5 \, d_o, \quad d_{1k} = d_o, \quad l'_o = d_o \text{ und } V_k = V_o$$

sind die Stauchverhältnisse in Abhängigkeit von d_{1g}/d_o berechnet und in Tabelle 1 eingetragen worden.

Tabelle 1

Errechnete Stauchverhältnisse in Abhängigkeit vom großen Kegeldurchmesser

$\frac{d_{1g}}{d_o}$	1,0	1,1	1,2	1,3	1,4	1,5	1,6	1,7	1,8	1,9	2,0
$\frac{d_{1m}}{d_o}$	1	1,05	1,1	1,15	1,2	1,25	1,3	1,35	1,4	1,45	1,5
s	∞	10,66	5,68	4,03	3,21	2,71	2,39	2,16	1,98	1,85	1,75

Da bis $s = 2,3$ einwandfrei gestaucht werden kann, ist die einschränkende Bedingung $l'_o \leq d_o$ für $d_{1g}/d_o > 1,6$ unnötig. Die oben genannten Regeln, die offenbar vom Anstauchen der zylindrischen Formen übernommen worden sind, können daher in dieser Form nicht gelten. Man muß vielmehr die Bedingung $l'_o \leq d_o$ aufgeben und zweckmäßig s_{zul} in Abhängigkeit von d_{1g}/d_o und d_{1k}/d_o festlegen.

BRUCHANOW und REBELSKI lassen deshalb größere Werte für l'_o zu, wenn $d_{1k}/d_o = 1 + 1,2$ ist [8]:

$$\frac{d_{1g}}{d_o} \leq 1,5 \; ; \quad \frac{l'_o}{d_o} \leq 2$$

$$\frac{d_{1g}}{d_o} \leq 1,25 \; ; \quad \frac{l'_o}{d_o} \leq 3 \quad \text{und}$$

$$\frac{l'_o}{d_o} \leq 1,2 + 0,2 \cdot s \leq 3 \; ;$$

sie geben auch Grenzkurven für die zulässigen Abmessungen an. Hieraus sind die Kurven in Abbildung 20 durch Umzeichnen gewonnen worden. Die Kurven für $\frac{l'_o}{d_o}$ folgen aus

$$\frac{l_o}{d_o} - \frac{l_1}{d_o} \; , \quad \text{da } l_o = l_1 + l'_o$$

Ein gestörter Verlauf des Stauchvorgangs äußert sich beim Anstauchen von Kegeln ebenso wie beim freien Anstauchen im Auftreten von Unsymmetrien (Abb. 21), die ihre Ursache im Ausknicken der Stangen haben. Etwa in der Probenmitte bilden sich Fehlstellen - bei starker Stauchung entstehen hier Falten - zwischen Stempel und Klemmbacke wird Werkstoff gestaucht, so daß ein einseitiger Grat entsteht, während auf der gegenüberliegenden Seite die Gravur nicht voll wird. Eine völlig symmetrische Form, vor allem ein gleichmäßiger Grat, ist also ein notwendiges, aber nicht ausreichendes Kennzeichen für einen einwandfreien Stauchvorgang. Es zeigte sich nämlich, daß der Faserverlauf in äußerlich einwandfreien Proben noch gestört war (Abb. 21 - Mitte -), so daß erst die Beurteilung des Faserverlaufs Gewißheit über fehlerfreies Anstauchen geben kann.

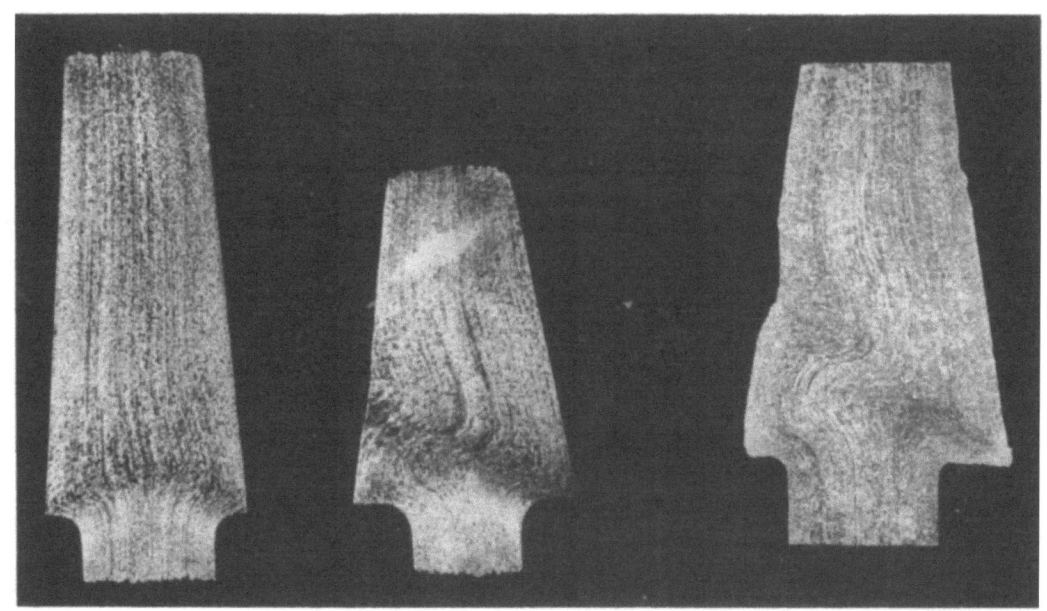

A b b i l d u n g 21
Faserverlauf in angestauchten Kegeln
$s = 5; 5$ und $5,2$ von links nach rechts $d_{1g}/d_o = 1,5;\ 1,8$ und $1,8$
$d_{1k} = d_o = 10$ mm

In Abbildung 22 sind die Stauchverhältnisse, bei denen noch brauchbare Proben erhalten wurden, in Abhängigkeit von d_{1g}/d_o aufgetragen. Es ergab sich ein Streubereich, dessen untere Grenze die Abmessungen bezeichnet, bei denen stets gute Proben erwartet werden können. Im Schaubild sind einige Fotos von Proben wiedergegeben, die bei den genannten Abmessungen gestaucht wurden. Außerdem sind als Parameterlinien Kurven eingetragen, die bei Kegeldurchmessern $d_{1k} > d_o$ bestimmt wurden. In Abbildung 23 ist der Grenzbereich für das Stauchverhältnis in Abhängigkeit

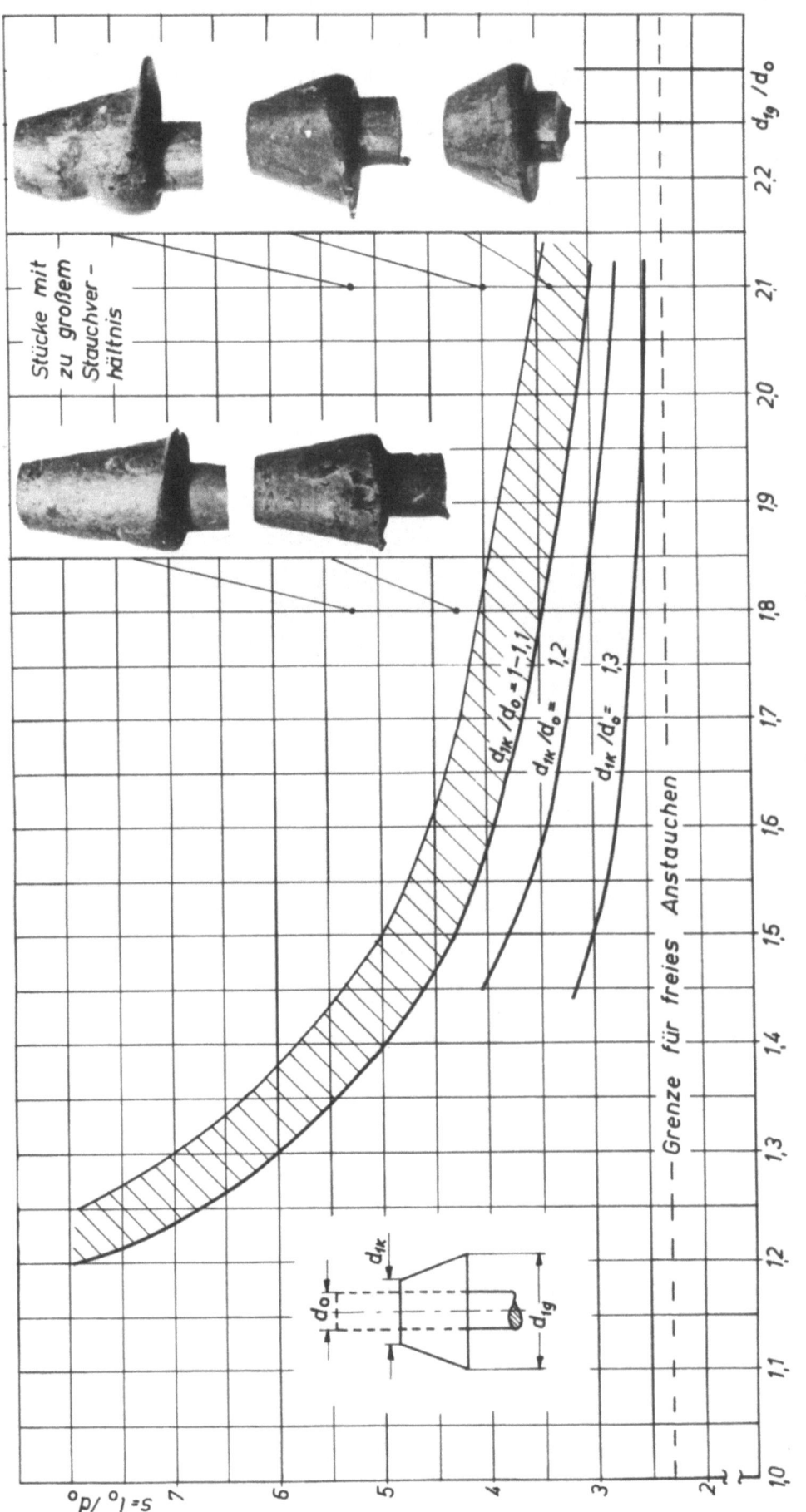

Abbildung 22

Das zulässige Stauchverhältnis beim Anstauchen von Kegeln ($d_o = 10$ mm)

von d_{1k}/d_o bei einem Durchmesserverhältnis d_{1g}/d_o = 1,5 wiedergegeben. Wird der kleine Kegeldurchmesser zu groß, so besteht die Gefahr, daß die Kegel am dünnen Ende nicht voll werden, da die Endfläche der Stange am Anschlag schneller abkühlt.

Die Ergebnisse der Versuche sind auch in Abbildung 20 eingetragen worden, so daß ein Vergleich der Werte mit den von BRUCHANOW und REBELSKI genannten Zahlen möglich ist. Nach den eigenen Feststellungen sind geringere Werte des Stauchverhältnisses erforderlich als von den russischen Autoren angegeben wird.

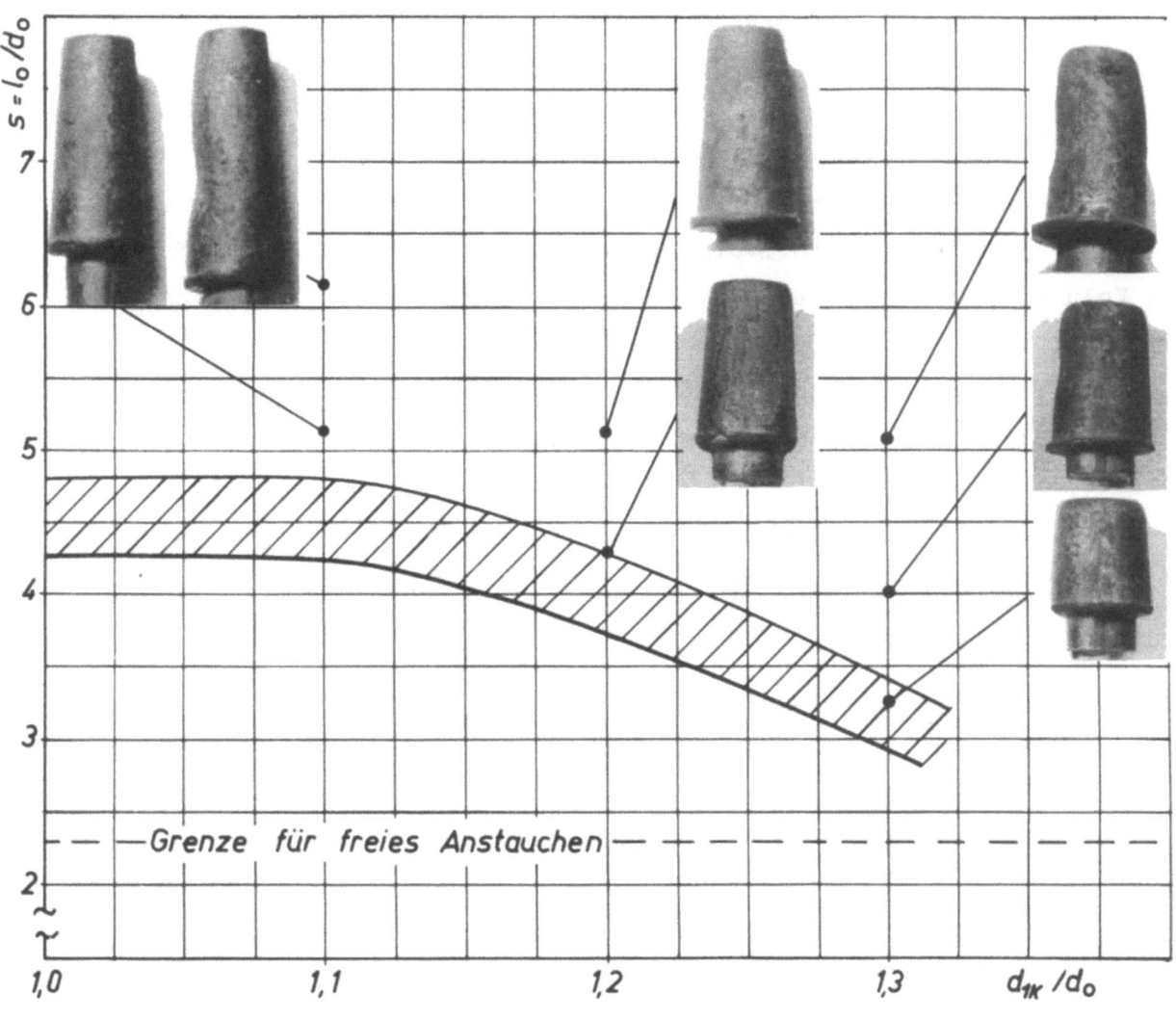

Abbildung 23

Zulässige Stauchverhältnisse beim Anstauchen von Kegeln in Abhängigkeit von d_{1k}/d_o (ϑ = 1140°; d_o = 10; d_{1g} = 15; α = 0°; ohne Schmierung)

Dagegen stimmen sie mit den Angaben von FROST bei Durchmesserverhältnissen $d_{1g}/d_o < 1,4$ gut überein, während sie bei den kleineren Werten den von TOMLENOW gefundenen Kurven näherkommen. Aus den Kurven l'_o/d_o geht hervor, daß die Bedingung $l'_o < d_o$ beim Stauchen von Kegeln nicht eingehalten zu werden braucht. Auch für $d_{1g} > 1,25\, d_o$ liegt l'_o/d_o zwischen 1,5 und 2. Des weiteren braucht auch der Mittelpunkt des außerhalb der Klemmbacken liegenden Stangenabschnitts nicht in jedem Fall in der Gravur zu liegen. So ist z.B. bei $d_{1g}/d_o = 2,1$ ($s_{zul} = 3,2$) $l_1/d_o = 1,3$ und $l'_o/d_o = 1,9$, d.h. bei einem Stangendurchmesser von 10 mm ist die Kegellänge 13 mm, der Stangenmittelpunkt liegt jedoch bei 16 mm.

Die Temperatur hat im Bereich von 940 bis 1140°, wie nach den Ergebnissen beim freien Stauchen erwartet werden konnte, keinen erkennbaren Einfluß.

23 Schaubild zur Bestimmung der Umformstufen

Zur Berechnung der Umformstufen haben wir ein Schaubild entworfen, aus dem sich die Art des Umformvorgangs bestimmen läßt (Abb. 24). Man geht vom Volumen der Endform aus, das aus der Zeichnung des Schmiedestücks ermittelt werden kann. Der Stangendurchmesser d_o liegt ebenfalls meist fest, sei es, daß die Endform an einen Schaft angestaucht werden muß, sei es, daß ein gelochtes Teil mit Lochdurchmesser = Stangendurchmesser herzustellen ist. Damit können die anzustauchende Länge l_o und das Stauchverhältnis s bestimmt werden. In Feld 1 sind zu diesem Zweck die Kurvenscharen $V = \frac{\pi}{4} \cdot d_o^2 \cdot l_o$ und $s = \frac{l_o}{d_o}$ für konstante Werte von V und s eingezeichnet.

In Feld 2 kann man das zulässige Durchmesser-Verhältnis $(d_{1g}/d_o)_{zul}$ für das Anstauchen von Kegeln oder $(d_1/d_o)_{zul}$ für das Anstauchen von zylindrischen Köpfen abgelesen werden. Ist $s < 2,2$, so kann man frei anstauchen, wenn $\alpha < 0,5°$. Darüber hinaus ist ein Anstauchen im Gesenk nötig. Da beim Anstauchen von Kegeln größere Stauchverhältnisse möglich sind, wird man im allgemeinen kegelig anstauchen, wenn nicht eine zylindrische Form herzustellen ist, die bei einmaligem Anstauchen fertig geformt werden kann. Man muß außerdem entscheiden, wie groß d_{1k}/d_o werden soll und bestimmt dann aus den Kurven $(d_{1g}/d_o)_{zul}$. Damit liegen die Abmessungen bis auf die Kegel- oder Zylinderlänge fest. Zu deren Ermittlung dienen die Felder 3 und 4. Das Volumen des Kegels ist:

$$V_1 = \frac{\pi \cdot l_1}{12}(d_{1g}^2 + d_{1g} \cdot d_{1k} + d_{1k}^2) = V_o = \frac{\pi \cdot d_o^2}{4} \cdot l_o$$

Daraus folgt:

$$l_1 = 3\, l_o \cdot \frac{1}{\left(\dfrac{d_{1g}}{d_o}\right)^2 + \dfrac{d_{1g}}{d_o} \cdot \dfrac{d_{1k}}{d_o} + \left(\dfrac{d_{1k}}{d_o}\right)^2} = 3\, l_o \cdot \frac{1}{x}$$

(Für einen Zylinder wird $d_{1g} = d_{1k}$. Aus der Formel folgt dann:

$$l_1 = \frac{3\, l_o}{3\left(\dfrac{d_1}{d_o}\right)^2} \;;\quad \frac{l_1}{l_o} = \left(\frac{d_o}{d_1}\right)^2\;)$$

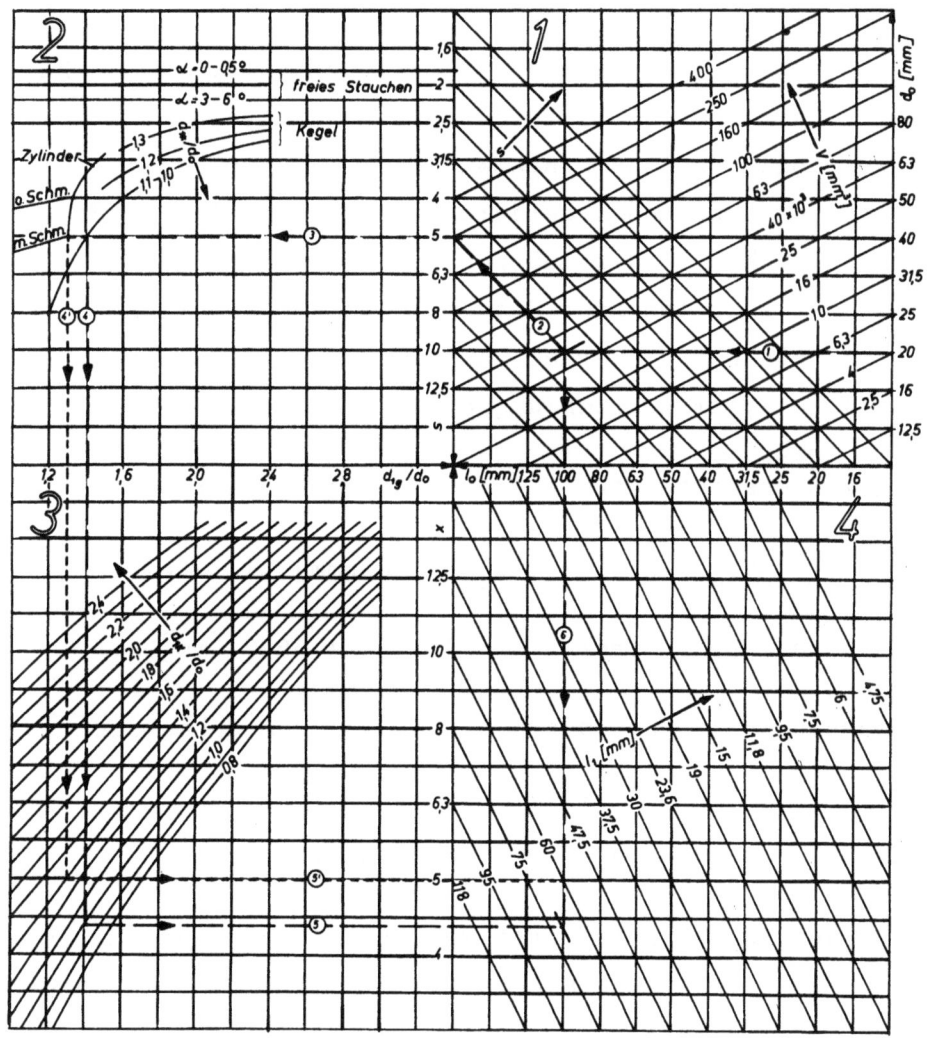

Abbildung 24

Schaubild zur Ermittlung der Umformstufen
beim Anstauchen in Waagerecht-Stauchmaschinen

In Feld 3 wird der Nenner x bestimmt. Es sind die Kurven

$$x = \left(\frac{d_{1g}}{d_o}\right)^2 + \frac{d_{1g}}{d_o} \cdot \frac{d_{1k}}{d_o} + \left(\frac{d_{1k}}{d_o}\right)^2 \quad \text{für} \quad \frac{d_{1k}}{d_o} = \text{const}$$

eingezeichnet.

Für zylindrische Formen ist $d_{1k}/d_o = d_{1g}/d_o$ zu setzen, um den zugehörigen Wert von x zu finden.

Beim freien Anstauchen ist eine genaue Bestimmung der Länge nicht möglich, da sich das Teil ausbaucht. Das Schaubild wurde auf der Grundlage der Normzahlen aufgebaut; eine genaue Nachrechnung ist noch erforderlich.

Als Beispiel ist die Bestimmung der Abmessungen für ein Werkstück mit einem Volumen $V_o = 31\,500$ [mm^3] und einem Ausgangsdurchmesser $d_o = 20$ [mm] eingetragen. Aus Feld 1 ergibt sich $l_o = 100$ [mm], indem man von $d_o = 20$ ausgeht, den Schnittpunkt mit der Linie $V = 31\,500$ aufsucht und von dort das Lot auf die l_o-Achse fällt. s erhält man, indem man der entsprechenden Linie durch den Schnittpunkt folgt. In Feld 2 sind zwei Möglichkeiten eingezeichnet: 1. ein Kegel soll angestaucht werden mit dem kleinen Kegeldurchmesser $d_{1k} = d_o$. In diesem Fall ist der Schnittpunkt mit der äußeren Kurve für Kegel aufzusuchen. 2. Ein Zylinder ist anzustauchen: Hier ist der linke Kurvenzug des Feldes 3 maßgebend. Aus Feld 3 werden dann die x-Werte bestimmt. Im ersten Fall ist $d_{1k}/d_o = 1$, im zweiten $d_{1k}/d_o = d_1/d_o = 1,3$.

Die Kegelabmessungen ergeben sich aus dem Schaubild zu

$$d_{1g} = 28 \text{ [mm]}, \quad d_{1k} = 20 \text{ [mm]}, \quad l_1 = 69 \text{ [mm]}.$$

Berechnet man l_1, so erhält man den Wert 68,7 [mm].

Die Abmessungen des Zylinders sind - aus dem Schaubild
abgelesen: $d_1 = 26$ [mm]; $l_1 = 60$ [mm]
berechnet: $d_1 = 26$ [mm]; $l_1 = 59,1$ [mm].

Der Zylinder könnte jetzt frei weitergestaucht werden, da $s_1 = l_1/d_1 = 2,25$. Für den Kegel kann aus Feld 1 ein mittlerer Durchmesser d_{1m} abgelesen werden. Er ist gleich dem Durchmesser eines Zylinders von gleichem Volumen ($V_1 = V_o$) und gleicher Länge (l_1) und unterscheidet sich vom arithmetischen Mittel des großen und kleinen Kegeldurchmessers.

Ebenfalls aus Feld 1 folgt dann $s_1 = l_1/d_{1m}$ und aus Feld 2 d_{2g}/d_{1m}. Es wird vorausgesetzt, daß die Grenzkurven auch für Kegel gelten, wenn das Stauchverhältnis aus der Kegellänge l_1 und dem oben definierten mittleren Durchmesser d_{1m} gebildet wird. Für die Ermittlung der Kegellänge l_2 ist in Feld 3 das Verhältnis d_{1k}/d_{1m} zu benutzen, das kleiner als 1 wird, da der Durchmesser d_{1m} des nur gedachten Zylinders größer ist als der kleine Kegeldurchmesser.

3 Umformkraft und Umformarbeit beim Stauchen

31 Die Methode der Kraft- und Arbeitsbestimmung

Es ist bisher nicht möglich, die Kräfte und Arbeiten beim Gesenkschmieden für etwas schwierigere Werkstücke theoretisch zu ermitteln. Man ist daher zur Vorausbestimmung dieser Größen auf Versuchsergebnisse angewiesen. Als Grundlage von Berechnungen steht nur die Formel für das reibungsfreie Stauchen zwischen ebenen Bahnen zur Verfügung.

Hierfür gilt bekanntlich:

$$P_{id} = k_f \cdot F \quad \text{und} \quad A_{id} = k_{fm} \cdot V \cdot \varphi$$

Es bedeuten: P_{id} die Umformkraft beim reibungsfreien Stauchen

k_f die Umformfestigkeit, die über der Probenendfläche und der Probenhöhe gleich ist

F die Probenfläche, die über der Probenhöhe gleich bleibt

A_{id} die Umformarbeit beim reibungsfreien Stauchen

V das Probenvolumen

$\varphi = \ln h/h_o$ das log. Höhenverhältnis

h die augenblickliche Probenhöhe

h_o die Probenhöhe vor dem Stauchen

$k_{fm} = \dfrac{1}{\varphi} \displaystyle\int_{\varphi_o}^{\varphi} k_f \cdot d\varphi$ die mittlere Umformfestigkeit

- den Integralmittelwert der Umformfestigkeit über dem log. Höhenverhältnis (Abb. 31).

Die Bedingung der Reibungsfreiheit ist mit bestimmten Vorkehrungen angenähert im Versuch zu erfüllen. In der Praxis ist die Reibung nicht zu vermeiden. Hinzu kommt, daß - abgesehen von der Reibung - die zylindrische Form der Proben durch die anders gestalteten Gesenke nicht erhalten bleibt, so daß von zwei Seiten her der einachsige Spannungszustand als Voraussetzung für die Ermittlung von k_f aufgehoben wird. Gegenüber dem reibungsfreien Stauchen erhöhen diese Einflüsse die Umformkräfte.

Bildet man den Quotienten aus Umformkraft und der projizierten Werkstückfläche, so erhält man den Umformwiderstand $k_w = P/F$, der Reibungs- und Formeinflüsse mit erfaßt. Man kann nun versuchen, das Verhältnis k_w/k_f für Gruppen von verwandten Formen zu ermitteln, um dann die Kraft aus bekannten k_f-Werten ermitteln zu können.

1. Es ist also dann:

$$P = \frac{1}{\eta_F} \cdot k_f \cdot F \quad \text{mit} \quad \eta_F = k_f/k_w .$$

2. Entsprechend bildet man das Verhältnis $k_{w\,m}/k_{f\,m}$, um die Umformarbeit mit Hilfe der mittleren Umformfestigkeit angeben zu können:

$$A = \frac{1}{\eta_{F\,m}} \cdot k_{f\,m} \cdot V \cdot \varphi \quad \text{mit} \quad \eta_{F\,m} = k_{f\,m}/k_{w\,m}$$

η_F ist der Umformwirkungsgrad zur Bestimmung der Kräfte,
$\eta_{F\,A}$ der Umformwirkungsgrad zur Bestimmung der Arbeiten.
Beide sind nicht gleich.

Dieser Weg ist häufig vorgeschlagen worden, doch sind bisher nur wenige Ergebnisse bekannt geworden.

Außer BILLIGMANN [9] (Abb. 25) nennen BRUCHANOW und REBELSKI [8] eine Formel, die auf die Umformung in der Waagerecht-Stauchmaschine zugeschnitten ist:

$$P = 5 \cdot (1-0{,}001\,D_s)(D_s + 10)^2 \cdot k_f \quad \text{gültig für } D_s \leq 300$$

D_s = größter Durchmesser des Schmiedestücks.

Diese Formel berücksichtigt verschiedene Werkstückformen überhaupt nicht und kann daher nur als grobe Näherung angesehen werden. BILLIGMANN gibt demgegenüber einen eigentlichen Formfaktor k an. Er setzt aber voraus, daß dieser Wert $k = \frac{1}{\eta_F}$ eine feste Größe ist, unabhängig vom Werkstoff, der Temperatur und der Umformgeschwindigkeit, was keineswegs erwiesen ist. Man muß vielmehr zunächst annehmen, daß η_F eine Funktion aller der Größen ist, von denen auch k_f abhängt, denn man kann nicht ohne weiteres voraussetzen, daß z.B. die Temperatur keinen Einfluß auf die Reibung habe.

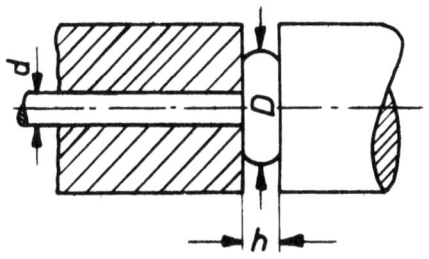

$h \geq d : K \approx 1{,}2$

$h \leq 0{,}8 d : K \approx 1{,}5 - 2{,}7$

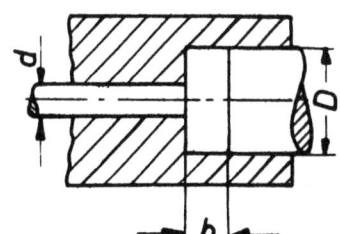

$h \geq d : K \approx 2{,}4$

$h \leq 0{,}8 d : K \approx 3 - 5$

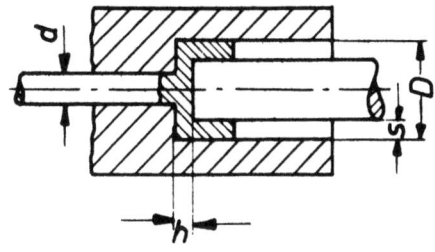

$h \leq 0{,}8 d : K \approx 4 - 7$

$h \leq 0{,}4 d : K \approx 6 - 9$

$P = K \cdot k_f \cdot F$

A b b i l d u n g 25

Kräfte beim Schmieden in der Waagerecht-Stauchmaschine
nach BILLIGMANN [10]

Die Größe der Umformfestigkeit ist für die wichtigsten Stähle in Abhängigkeit von Temperatur, Umformgeschwindigkeit und Umformgrad bekannt [12]. Es geht also darum, k_w für eine Reihe von Formenklassen zu bestimmen und die Quotienten k_w/k_f zu ermitteln. Bei diesem Vergleich müssen Werkstoff, Temperatur, Umformgeschwindigkeit und Umformgrad jeweils übereinstimmen. Werkstoff und Werkstoffzustand können ohne größere Schwierigkeiten gleichgehalten werden. Dagegen ist es schon nicht mehr so einfach, für gleiche Temperaturen zu sorgen, wenn Versuche in normalen Umformmaschinen vorgenommen werden, da hier eine

Abkühlung der Proben kaum vermeidbar ist. Man kann die Oberflächentemperatur zwar messen, doch bleibt die Temperaturverteilung im Innern unbekannt. Diese Schwierigkeit läßt sich aber überwinden, wenn man durch Schutzbehälter die Wärmeabfuhr verhindert oder unter gleichen Abkühlbedingungen k_f und k_w bestimmt.

Schwierigkeiten grundsätzlicher Art treten durch die veränderliche Umformgeschwindigkeit auf. Für die Umformfestigkeit liegen zwar Kurven vor, die bei gleichbleibender Umformgeschwindigkeit ermittelt worden sind. Bei allen Umformmaschinen ändert sich aber die Umformgeschwindigkeit bis auf Null am Ende des Umformvorgangs. Entscheidend für den Umformvorgang ist nun die <u>größte Kraft</u>, die nach oberflächlicher Betrachtung der Kraftkurven am Ende des Umformvorgangs vorhanden ist. Da dann aber die Umformfestigkeit gleich der statischen Umformfestigkeit ($\dot{\varphi} = 0$) ist, scheint diese Aussage nicht zutreffend. Weil die Kräfte beim Umformen wegen der stets vorhandenen elastischen Verformungen der Pressengestelle oder der Hammerwerkzeuge (und der Meßdosen) nach Beendigung der Umformung nicht schlagartig auf Null absinken, kann der Endpunkt der Umformung nur aus der Wegkurve, die am Ende des Vorgangs einen sehr flachen Verlauf hat, genau festgestellt werden. Es kommt also darauf an, die Wege am Ende des Vorgangs sehr genau aufzuzeichnen. Für einen einfachen Stauchversuch sind die Verhältnisse in Abbildung 26 wiedergegeben. Hier zeigt sich deutlich, daß die Größtkraft <u>vor</u> Beendigung des Stauchens erreicht wird, z.B. bei einer Umformgeschwindigkeit
$\dot{\varphi}_{Pmax} = \frac{1}{3} \dot{\varphi}_o$ ($\dot{\varphi}_o$ = Umformgeschwindigkeit zu Beginn des Stauchvorgangs).
Beim Umformen im Gesenk haben die Kraftkurven einen anderen Verlauf, sie steigen im letzten Abschnitt steiler an. Ob hier die Kraft wegen der geringeren Umformungsgeschwindigkeit bereits vor dem Ende des Vorgangs wieder abnimmt, ist noch nicht durch Versuche belegt. Es stellt sich aber in jedem Fall die Frage, welche Umformgeschwindigkeit dem Vergleich zugrundezulegen ist. Wird das Kraftmaximum am Ende des Vorgangs erreicht, dann muß die statische Umformfestigkeit herangezogen werden. Wird es vorher erreicht, so hat die Umformgeschwindigkeit einen endlichen zwischen Null und $\dot{\varphi}_{max}$ liegenden Wert, der wahrscheinlich viel kleiner als $\dot{\varphi}_{max}$, aber sehr mühsam zu messen ist. Um dieser Schwierigkeit aus dem Wege zu gehen, kann man den leicht zu bestimmenden Anfangswert der Umformgeschwindigkeit dem Vergleich zugrundelegen, muß sich dann aber darüber klar sein, daß dieser Wert nicht die der Größtkraft zugeordnete Umformgeschwindigkeit ist.

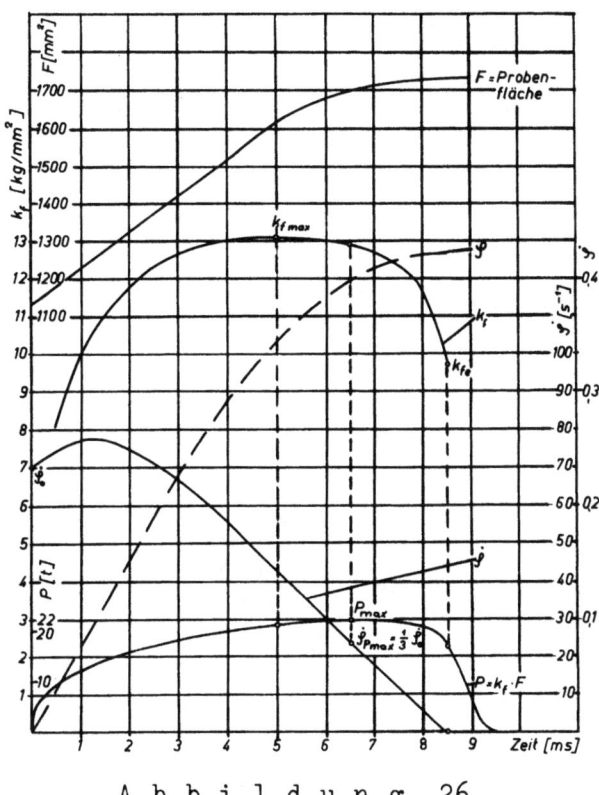

A b b i l d u n g 26

Kraft, Umformfestigkeit, Umformgeschwindigkeit und Probenfläche
beim Stauchen im Hammer (St 37 Th; d_o = 38 mm; ϑ = 1100°)
Kurven nach WEVER und LUEG [11] umgezeichnet

Überlegen wir, welche Folgen es hat, wenn $\dot{\varphi}_o$ als Bezugsgröße gewählt wird:

Es sei:

1. $\dot{\varphi}_o = 18 \ [s^{-1}]$: $k_f = 12,5 \ kg/mm^2$ (C-Stahl; 0,15 % C;

2. $\dot{\varphi}_{Pmax} = 8 \ [s^{-1}]$: $k_f = 11,0 \ kg/mm^2$ $\vartheta = 1140°$; $\varphi = 0,7$)

Aus P_{max} und F_1 ergebe sich ein k_w-Wert von 55 $[kg/mm^2]$

(Da F_1 bei P_{max} noch etwas kleiner ist, müßte k_w noch größer sein. Der Unterschied ist jedoch wahrscheinlich zu vernachlässigen)

Dann wird also:

bei $\dot{\varphi}_o$ als Bezugsgröße: $\dfrac{1}{\eta_F} = \dfrac{55}{12,5} = 4,4$

bei $\dot{\varphi}_{Pmax}$ als Bezugsgröße: $\dfrac{1}{\eta_F} = \dfrac{55}{11,0} = 5,0.$

Diese Umformwirkungsgrade würden nun bei allen gleichartigen Umformvorgängen angewendet, die $\dot{\varphi}_o$ = 18 $[s^{-1}]$ aufweisen, z.B. auch beim Stauchen in einer hydraulischen Presse. Wir wollen hier einmal außer acht lassen, daß $\dot{\varphi}_o$ = 18 $[s^{-1}]$ in einer hydraulischen Presse ungewöhnlich hoch ist.

In der hydraulischen Presse steigt die Umformgeschwindigkeit bis kurz vor Beendigung des Vorgangs an (Abb. 27).

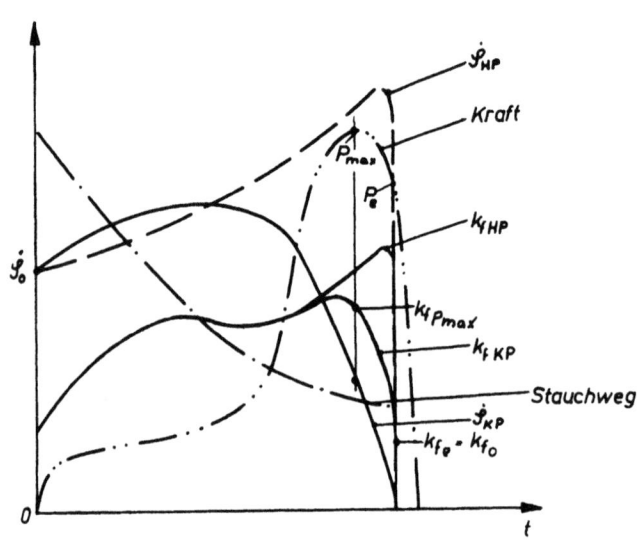

A b b i l d u n g 27
Kräfte und Umformgeschwindigkeiten in Kurbelpresse
und hydraulischer Presse
(KP = Kurbelpresse, HP = Hydraulische Presse)

Am Ende ist $\dot{\varphi}$ = 0. Dazwischen liegt ein stetiger Übergang, der jedoch auf einem kürzeren Weg erfolgt als in der Kurbelpresse, d.h. die Fläche würde sich nach Erreichen des Kraft-Maximums kaum noch ändern. Das bedeutet: Das Maximum von P wird überschritten, wenn die Umformgeschwindigkeit absinkt. Für P_{max} ist also das zugehörige $\dot{\varphi}_1 \approx \dot{\varphi}_{P\,max}$. Dieser Wert sei gleich 30 $[s^{-1}]$. k_f für $\dot{\varphi}$ = 30 $[s^{-1}]$ ist 13,5 $[kg/mm^2]$.

Dann müßte die Kraft also sein:

$$P = k_f \cdot \frac{1}{\eta_F} \cdot F = 13,5 \cdot 5,0 \cdot F = 67,5 \cdot F$$

Geht man von $\dot{\varphi}_o$ aus, so erhält man:

$$P = 12,5 \cdot 4,4 \cdot F = 55 \cdot F$$

d.h., die errechnete Kraft ist zu gering (Fehler 23 %).

Man kann also den Umformwirkungsgrad nicht ohne weiteres übertragen, wenn ein Mittelwert der Umformgeschwindigkeit zugrundegelegt wird.

Außerdem ist aber bei Werkstücken mit unterschiedlicher Endhöhe auch noch die Umformgeschwindigkeit ($\dot{\varphi}$ = v/h beim Stauchen) über den Querschnitt veränderlich. Deshalb scheint es aussichtslos, den tatsächlichen Wert von $\dot{\varphi}$ im Augenblick der größten Kraft zu bestimmen, der doch wieder ein Mittelwert über den ganzen Querschnitt sein müßte. Für die weitere Behandlung wird deshalb der Anfangswert der Umformgeschwindigkeit $\dot{\varphi}_o$ zugrunde gelegt in der Annahme, daß sich bei einer Veränderung des Anfangswertes der Wert an der Stelle der größten Kraft in der gleichen Weise ändert. Diese Vermutung ist indes bisher nicht bewiesen.

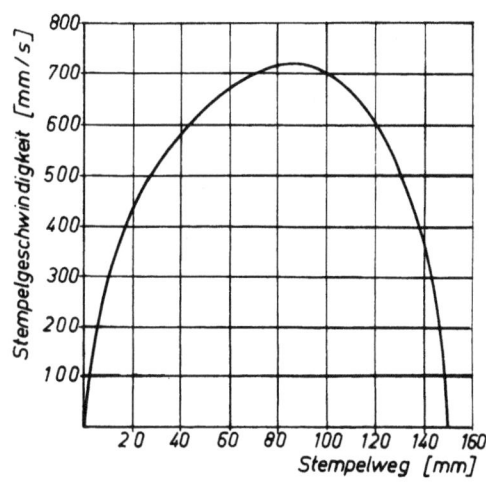

A b b i l d u n g 28

Leerlaufgeschwindigkeit des Stauchstempels nach [5]

Der Anfangswert der Umformgeschwindigkeit $\dot{\varphi}_o = v_o/l_o$ ist leicht zu bestimmen. Bis zum Stauchbeginn bewegt sich der Stößel der Waagerecht-Stauchmaschine mit der Leerlaufgeschwindigkeit. Ist diese in Abhängigkeit vom Stempelweg bekannt (Abb. 28), so erhält man in einem bestimmten Fall v_o, indem man v an der Stelle ($l_o - l_1$) vom Umkehrpunkt entfernt aufsucht und diesen Wert dann durch l_o dividiert. Hierzu dient die Abbildung 29.

Die Leerlaufgeschwindigkeit ist über $l_o - l_1$ aufgetragen. Da die Endlänge l_1 dem Umkehrpunkt des Stempels entspricht (der Einfluß der Auffederung wird hier vernachlässigt), ist diese Kurve mit der über dem Stempelweg aufgetragenen Kurve identisch. Man liest aus dem Schaubild

Seite 41

zunächst V_o ab. Dieser Wert ist durch l_o zu dividieren. Die vorhandene Abszissenteilung wird nun gleichzeitig als Skala für l_o benutzt, die Parameterlinien geben $\dot{\varphi}_o$ an. Da l_o stets größer sein muß als l_o bis l_1, kommt nur das Feld links von der Geschwindigkeitskurve in Betracht.

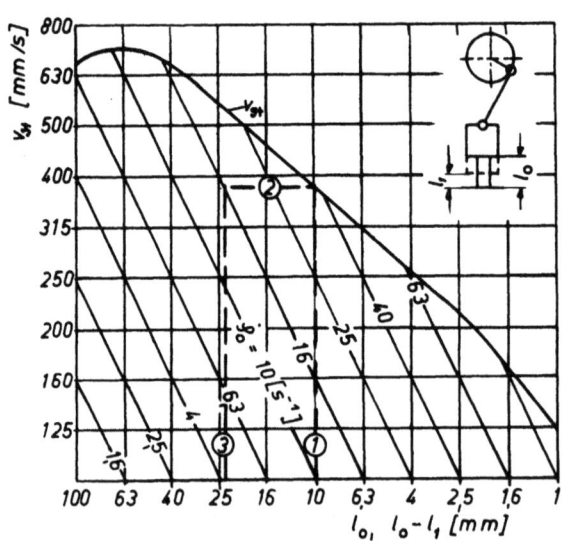

A b b i l d u n g   29
Schaubild zur Bestimmung des Anfangswertes
der Umformgeschwindigkeit

Den tatsächlichen Verlauf von $\dot{\varphi}$ zeigt Abbildung 30. Trotz der großen Streuungen der Geschwindigkeitswerte, die auf die verhältnismäßig geringe Größe des Wegschriebs zurückzuführen sind, kann der Kurvenverlauf als gesichert gelten, da er durch mehrmalige, unabhängige Auswertung übereinstimmend gefunden worden ist. Mit sinkender Temperatur scheinen die Geschwindigkeitswerte und entsprechend die Umformgeschwindigkeit niedriger zu liegen. Zwischen 1.140 und 1040° sind die Unterschiede allerdings so klein, daß hier eine zuverlässige Aussage nicht möglich ist. Auch mit wachsendem Stauchverhältnis scheinen die Kurven niedriger zu liegen.

Weiter ist es schwierig, die tatsächliche Größe des Umformgrades zugrunde zu legen. Die Umformfestigkeit und damit auch die mittlere Umformfestigkeit sind bisher nur bis $\varphi = 0{,}7$ bekannt, die Bestimmung für größere φ-Werte stößt nach der bisherigen Methode auf Schwierigkeiten, da sich bei größeren Stauchungen der Einfluß der Reibung bemerkbar macht. Wichtig sind aber φ-Werte $> 1{,}0$. Hier zeichnet sich zunächst keine andere Lösung ab, als die Annahme, daß sich die Umformfestigkeit mit dem Umformgrad nicht mehr wesentlich ändert und die k_f-Werte bei $\varphi = 0,6$ oder $0,7$ für den Vergleich zu benutzen.

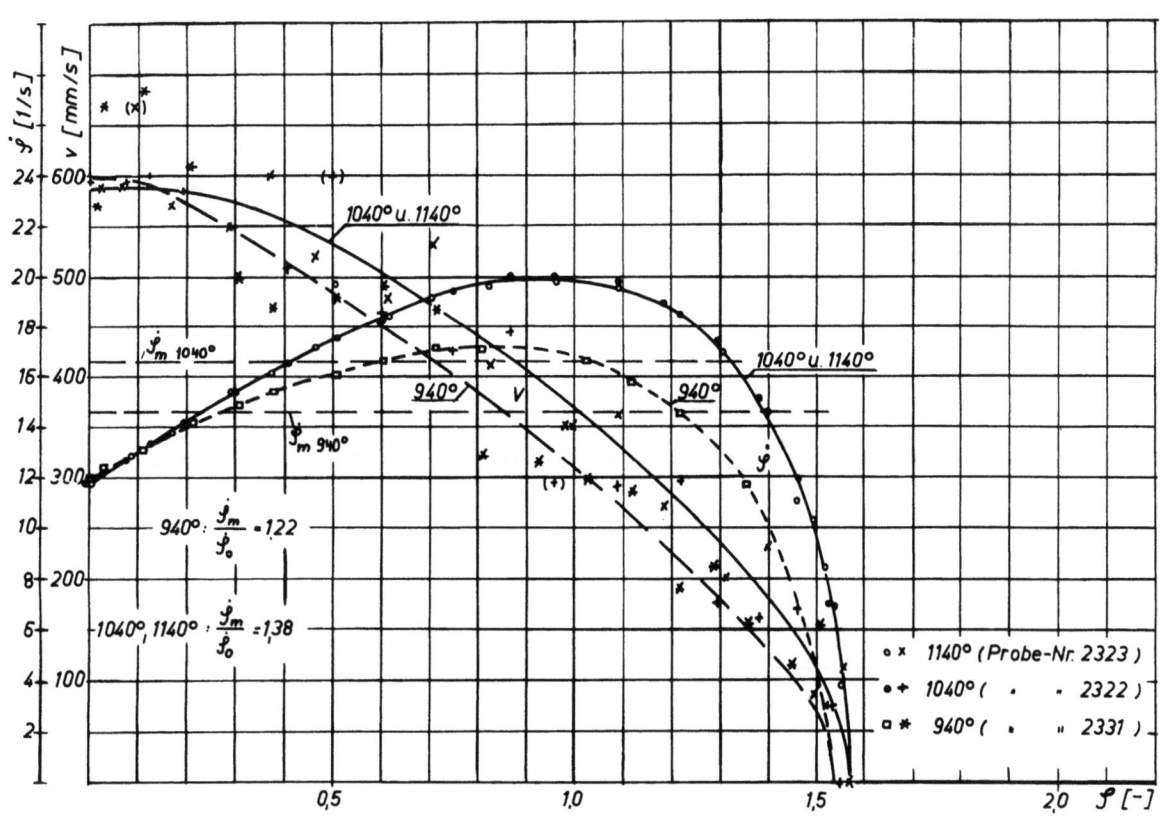

Abbildung 30

Werkzeuggeschwindigkeit und Umformgeschwindigkeit beim freien Anstauchen ($s = 2,0$, $d_o = 25$ mm)

Auch der Umformgrad ist über dem Querschnitt unterschiedlich, so daß zur Ermittlung der Umformarbeit ein Mittelwert gebildet werden muß. Da die Kräfte der Fläche proportional sind, soll

$$\varphi_m = \varphi_1 \frac{F_{11}}{F_1} + \varphi_2 \cdot \frac{F_{12}}{F_2} + \ldots + \varphi_n \frac{F_{1n}}{F_1}$$

gesetzt werden.

F_1 ist die gesamte projizierte Fläche, $F_{11} \ldots F_{1n}$ sind Teilflächen, die Volumenelemente mit gleichem Umformgrad $\varphi_1 \ldots \varphi_n$ begrenzen. ($F_{11} + F_{12} \ldots + F_{1n} = F_1$).

Seite 43

32 Der Umformwiderstand beim freien Stauchen

Der mittlere Umformwiderstand k_{wm} wurde aus der Umformarbeit bestimmt: $k_{wm} = \frac{A}{V \cdot \varphi}$. Das Volumen wurde berechnet als

$V = \frac{\pi \cdot d_o^2}{4} l_o$; die freie Stangenlänge l_o - durch den Werkstückanschlag festgelegt - ist höchstens auf 0,2 mm genau. Die Umformarbeit wurde durch Ausplanimetrieren des Kraft-Weg-Schaubildes ermittelt.

Der Umformwiderstand wurde berechnet als $k_w = \frac{P}{F_m}$ mit $F_m =$

$= F_o \cdot \frac{l_o}{l} = \frac{\pi \cdot d_o^2}{4} \cdot \frac{l_o}{l}$.

Ferner wurde der mittlere Umformwiderstand durch Integration der k_w-Kurve ermittelt. Diese Kurve stimmt mit der k_{wm}-Kurve, die aus der Umformarbeit gewonnen wurde, sehr gut überein. Die größte Abweichung beträgt 1,7 %, liegt also innerhalb der Meßgenauigkeit.

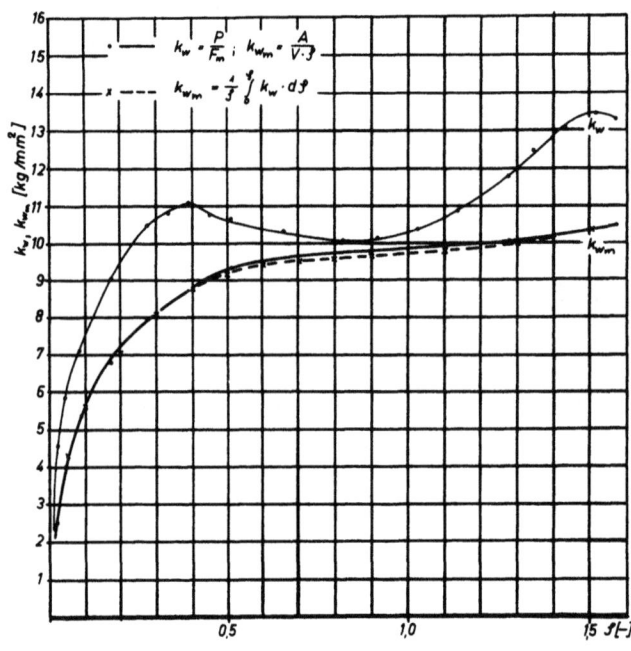

A b b i l d u n g 31

Der mittlere Umformwiderstand k_{wm} und der Umformwiderstand k_w beim freien Stauchen ($d_o = 25$; $\vartheta = 1140°$; $s = 2$)

Aus der Darstellung im doppelt-logarithmischen System geht hervor, daß sich weder die k_w-φ-Kurve - wie schon im normalen Koordinatensystem zu erkennen - noch die k_{wm}-φ-Kurve durch eine einzige Exponentialfunktion von der Form $k_w = c \cdot \varphi^n$ beschreiben läßt. Man kann nur Teile der Kurve durch eine solche Funktion darstellen (Abb. 31 und 32):

k_{wm}-φ-Kurve: $k_{wm} = 12,3 \cdot \varphi^{0,352}$ für $0,05 < \varphi < 0,4$

$k_{wm} = 10 \cdot \varphi^{0,104}$ für $0,4 < \varphi < 1,5$

k_w-φ-Kurve: $k_w = 16,1 \cdot \varphi^{0,338}$ für $0,05 < \varphi < 0,3$

$k_w = 10,2 \cdot \varphi^{0,65}$ für $1,0 < \varphi < 1,5$

Nur im Bereich $0,05 < \varphi < 0,3$ können die Kurven $k_w(\varphi)$ und $k_{wm}(\varphi)$ als parallel gelten. Die Beziehung $k_w = (n + 1) k_{wm}$ ist hier annähernd erfüllt.

$$k_w = 1,345 \cdot k_{wm} = 1,345 \cdot 12,3 \cdot \varphi^{0,345} = 16,5 \cdot \varphi^{0,345}$$

Aus dem Kurvenverlauf wurde die Formel $k_w = 16,1 \cdot \varphi^{0,345}$ abgeleitet. (für n wurde der Mittelwert der beiden Exponenten genommen).

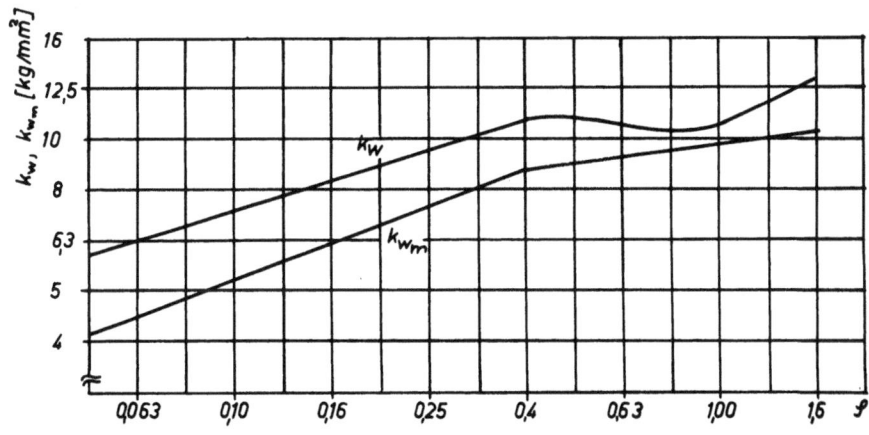

A b b i l d u n g 32

Der Verlauf von k_{wm} und k_w im doppelt log. System.
($d_o = 25$; $\vartheta = 1140°$; $s = 2$)

In den Abbildungen 33 bis 35 ist der Formänderungswiderstand beim freien Stauchen über dem Umformgrad mit dem Stauchverhältnis als Parameter bei verschiedenen Temperaturen und Ausgangsdurchmessern aufgetragen. Allen Schaubildern gemeinsam ist, daß der Umformwiderstand größer wird, wenn das Stauchverhältnis s zunimmt. Dieser Anstieg macht sich jedoch erst bei φ-Werten $> 0,5$ bis $0,9$ bemerkbar; er ist zurückzuführen auf den Einfluß der Reibung.

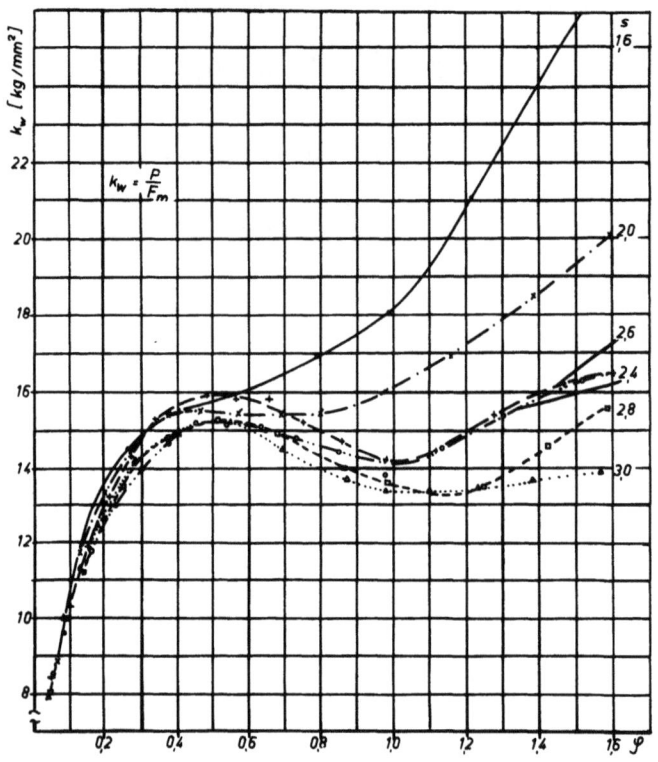

Abbildung 33

Der Umformwiderstand beim freien Stauchen;
($d_o = 16$; $\vartheta = 1040°$)

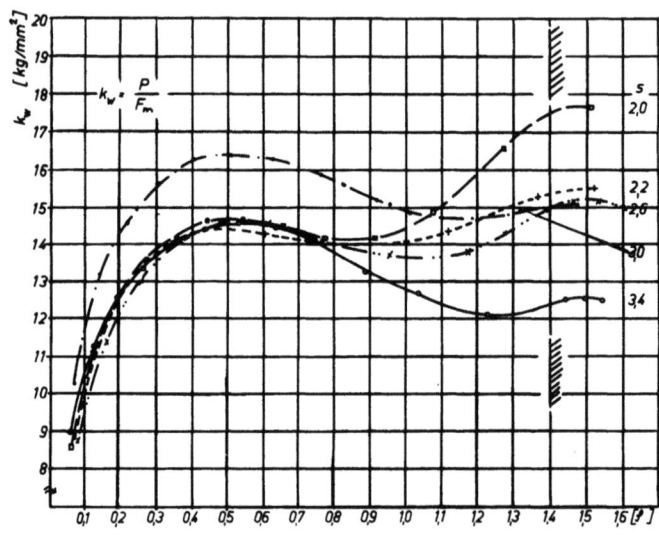

Abbildung 34

Der Umformwiderstand beim freien Stauchen;
($d_o = 25$; $\vartheta = 1040°$)

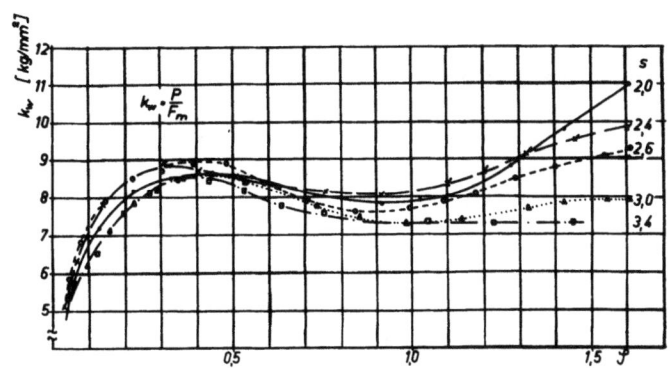

Abbildung 35

Der Umformwiderstand beim freien Stauchen;
($d_o = 25$; $\vartheta = 1240°$)

Es sei: $l_o < l_o'$, $d_o = d_o'$ und $\varphi_1 = \varphi_1'$. Dann ist $s < s'$
$V_o < V_o'$ und außerdem $d_{1m} = d'_{1m}$, denn $d_{1m}^2 = d_o^2 \frac{l_o}{l_1}$.

Wenn d_o und $\varphi_1 = l_1/l_o$ gleich sind, dann müssen auch die Enddurchmesser gleich sein. Dann muß aber gelten:

$$\frac{V}{V'} = \frac{l_o}{l_o'} = \frac{l_1 \cdot F_{1m}}{l_1' \cdot F'_{1m}}$$

$l_1/d_1 < l_1'/d_1'$, denn $l_1 < l_1'$ ($\varphi_1 = \varphi_1'$; $\frac{l_1}{l_o} = \frac{l_1'}{l_o'}$)

und: $d_1/l_1 > d_1'/l_1'$

Nach SIEBEL [12] ist die Druckspannung zur Überwindung der Reibung:

$k_r = k_f \cdot 0{,}045 \left(\frac{d}{h}\right)^2$ und der Umformwiderstand:

$k_w = k_f \left[1 + 0{,}045 \left(\frac{d}{h}\right)^2\right]$

Aus dieser Formel folgt, daß d_1/l_1 größere k_w-Werte ergibt als d_1'/l_1'. d_1/l_1 entspricht l_o und s, das nach der Voraussetzung kleiner als s' sein sollte.

In Tabelle 2 sind nach der Formel von SIEBEL die Verhältniswerte $k_{w\,(s=2)} / k_{w\,(s=x)}$ eingetragen und mit gemessenen Werten verglichen. Es zeigt sich eine recht gute Übereinstimmung.

Ein weiteres Merkmal der Kurven in den Abbildungen 33 bis 35 ist die Zunahme des Umformwiderstandes mit abnehmendem Anfangsdurchmesser, wenn der Umformgrad gleich bleibt. Das ist eine Folge der Umformgeschwindigkeit

Tabelle 2

Einfluß der Reibung auf den Umformwiderstand
(d_o = 25; ϑ = 1140°; C 15)

s_o	d_1 [mm]	h_1 [mm]	0,045· $(d_1/h_1)^2$	1+0,045· $(d_1/h_1)^2$	$k_{w(s=2)}/k_{w(s=x)}$ errechnet	gemessen
2,0	50	10,3	1,03	2,03	1	1
2,2	48	11,9	0,7	1,7	1,2	1,05
2,6	53,5	12,3	0,85	1,85	1,1	1,15
3,0	50	14,7	0,52	1,52	1,34	1,28
3,4	49	17,0	0,37	1,37	1,48	1,45

die in gleichem Sinne zunimmt. In Abbildung 36 sind die gemittelten Werte des Umformwiderstandes für den Bereich des Umformgrades aufgetragen, in dem sich der Einfluß des Stauchverhältnisses noch nicht auswirkt. Es sind auch die Bereiche der Umformgeschwindigkeit bei den betrachteten Durchmessern (10, 16, 25) angegeben. Verglichen mit einem Ausgangsdurchmesser von 25 [mm] ist die Umformgeschwindigkeit bei d_o = 10 [mm] doppelt so groß. Die Verdoppelung der Umformgeschwindigkeit reicht aus, um den Anstieg der Umformfestigkeit, wie er in Abbildung 36 zu beobachten ist, hervorzurufen. Zum Vergleich seien die

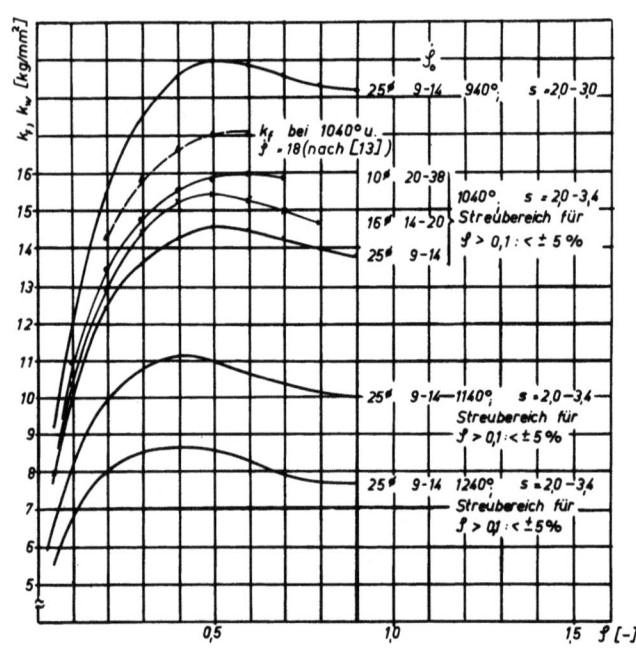

Abbildung 36

Der Umformwiderstand beim freien Stauchen
in der Waagerecht-Stauchmaschine

k_f-Kurven in Abbildung 37 betrachtet, die nach Messungen in der British Iron and Steel Research Association durch Interpolation bestimmt worden sind [13]. (Es handelt sich hierbei um Messungen, die bei gleichbleibender Umformgeschwindigkeit gemacht wurden.) Es sind jeweils die Bereiche für Umformgeschwindigkeiten von 8 bis 18 $[s^{-1}]$ bei mehreren Temperaturen eingezeichnet.

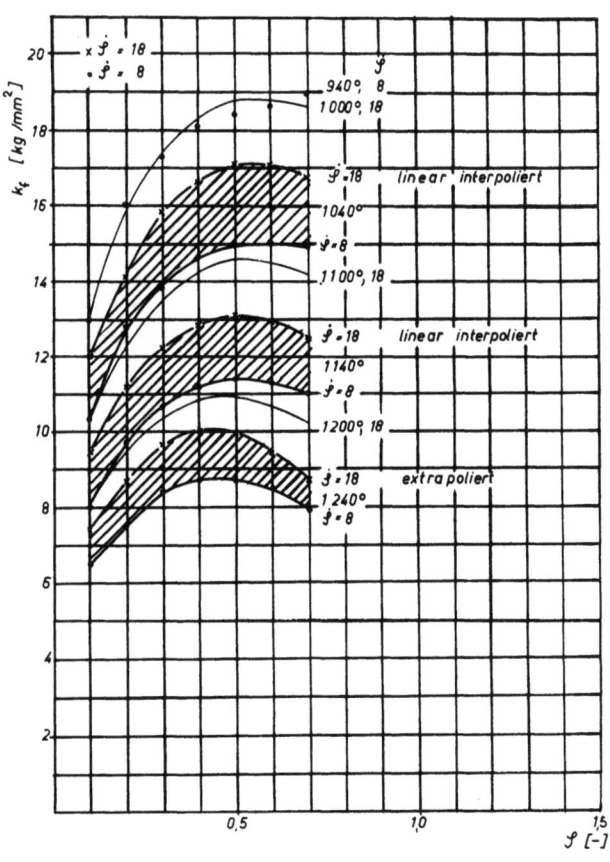

Abbildung 37
Der Einfluß von Temperatur und Umformgeschwindigkeit
auf die Umformfestigkeit (nach COOK [13])

Die Übereinstimmung der eigenen Werte mit denen der BISRA ist gut, nur liegen diese etwas höher (höchstens 6 %). Das kann auf den Einfluß der Temperatur zurückzuführen sein. Bei den englischen Versuchen wurden die Proben in einem Wärmeschutzbehälter gestaucht, der die Temperatur auf ± 3° konstant hielt. Bei den Versuchen in der Waagerecht-Stauchmaschine kühlten die Stangen in der Gravur auf Umformtemperatur ab, die mit einem Teilstrahlungspyrometer, also an der Oberfläche, gemessen wurde. In der Probenmitte wird die Temperatur beim Beginn der Umformung noch höher gewesen sein. Daher ist mit einer größeren mittleren Probentemperatur zu rechnen, der Umformwiderstand wird daher kleiner sein als der Wert, welcher der angezeigten Temperatur entspricht. Dieser Einfluß wird jedoch teilweise durch den Anstieg der Umformgeschwindigkeit (vgl. Abb. 30) wieder ausgeglichen.

Zur Bestimmung des Umformwirkungsgrades η_F wurde das Verhältnis $k_{w(\varphi=x)}/k_{w(\varphi=0,5)}$ aus den k_w-Kurven ermittelt. Hierbei wurden s und d/l als Parameter gewählt. Auf die Angabe von φ kann dann verzichtet werden, da φ, s und d/l voneinander abhängig sind.

$$d^2 = \frac{d_o^2 \cdot l_o}{l} \qquad \ln \frac{l}{l_o} = \varphi$$

$$d = d_o \cdot \sqrt{\frac{l_o}{l}} \qquad l = l_o \cdot e^{\varphi}$$

$$\frac{d}{l} = \frac{d_o}{l_o \cdot e^{\varphi}} \cdot \sqrt{\frac{l_o}{l}} = \frac{d_o}{l_o} \cdot e^{-\varphi} \sqrt{\frac{l_o}{l_o \cdot e^{\varphi}}}$$

$$= \frac{d_o}{l_o} \cdot e^{-\varphi} \sqrt{e^{-\varphi}} = \frac{d_o}{l_o} \cdot e^{-\frac{3}{2}\varphi}$$

$$\underline{\underline{\frac{d}{l} = \frac{1}{s} \cdot e^{-\frac{3}{2}\varphi}}}$$

Unter Verwendung der so gewonnenen Werte für den Umformwirkungsgrad wurde ein Schaubild zur Berechnung der Umformkräfte entworfen (Abb. 38).

In Feld 2 ist die Umformfestigkeit für $\varphi = 0,5$ in Abhängigkeit von der Umformgeschwindigkeit mit der Temperatur als Parameter für drei unlegierte Stähle wiedergegeben. Das Feld 1 dient zur Ermittlung der Umformgeschwindigkeit (vgl. Abb. 29). Die Kehrwerte des Umformwirkungsgrades η_F sind in Abhängigkeit von d/l in Feld 3 eingetragen. Außerdem ist der Einfluß des Stauchverhältnisses und des Ausgangsdurchmessers d_o erkennbar. Es ist möglich, daß dieser auf die Abkühlung zurückzuführen ist. Bei kleinem Durchmesser ist das Volumen geringer, so daß die Proben schneller abkühlen. Eine Bestätigung für diese Ansicht könnte man in der Abnahme dieses Einflusses bei größeren Stangenlängen sehen (s = 2,4). In Feld 4 wird dann k_w ermittelt und in Feld 5 die Umformkraft.

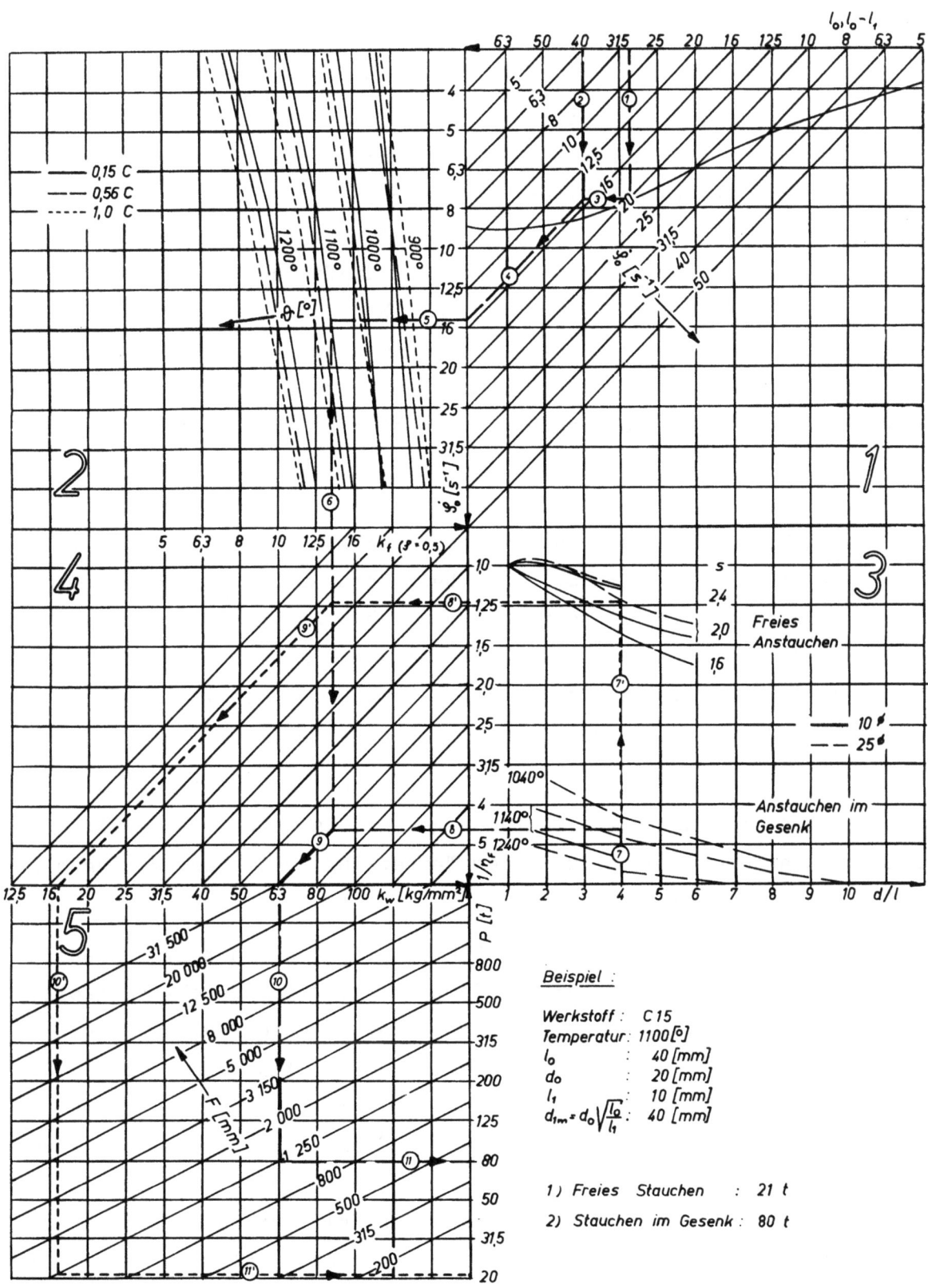

Abbildung 38

Schaubild zur Bestimmung der Kräfte beim Anstauchen

33 Der Umformwiderstand beim Stauchen im Gesenk

Es wurde nur das Anstauchen von zylindrischen Köpfen untersucht. Hier verläuft der Vorgang bis zum Anlegen des Werkstoffs an die Gesenkwände wie beim freien Stauchen. Dann steigt die Kraft steil an. Es scheint zunächst schwierig, die Größtkraft festzulegen, da sich die Werkstoffmenge nicht genau gleichhalten läßt. Schwankungen der Werkstoffmenge ändern aber die Kräfte erheblich. Wenn der Grat jedoch in Stempelrichtung abgeleitet wird, gleicht der Vorgang der Gratbildung dem gegenläufigen Fließpressen. Hierbei steigen die Kräfte nur wenig an, wenn der Fließpreßvorgang einmal begonnen hat. Man kann daher die Größtkraft verhältnismäßig zuverlässig angeben, wenn man so weit preßt, daß der Grat überall voll ausgebildet ist. Eine stärkere Gratbildung infolge eines größeren Werkstoffüberschusses erhöht die Kräfte nicht mehr wesentlich. Gelingt es auf der anderen Seite, die Werkstoffmenge so genau zu dosieren, daß die Form voll wird, ohne daß ein Grat entsteht, so bleiben die Kräfte kleiner. Das gilt noch mehr, wenn man auf die vollständige Ausfüllung der Gravur, etwa beim Vorstauchen, verzichtet. Es scheint jedoch geraten, mit den größtmöglichen Kräften zu rechnen. Die beim Schmieden auftretenden Kräfte werden im allgemeinen zwischen diesen und jenen beim freien Stauchen liegen. Abbildung 39 zeigt den Kraftverlauf über der Zeit bei unterschiedlich ausgebildetem Grat.

Die auf die oben angedeutete Weise festgelegten Größtkräfte sind auch allen weiteren Betrachtungen zugrunde gelegt, da es nur so möglich ist, den Einfluß anderer Größen, z.B. der Temperatur, bei einer geringen Zahl von Versuchen zu erkennen.

Die Größtkraft hängt außer von den Faktoren, die schon beim freien Anstauchen wirksam sind - Werkstoff, Temperatur, Umformgeschwindigkeit, Stauchverhältnis, d_1/h_1 - vom Verhältnis des Werkstoffvolumens zum Werkzeughohlvolumen ab. Ferner muß damit gerechnet werden, daß die Gratspaltdicke die Kräfte beeinflußt. Da der Klemmtrieb unter der Wirkung der Umformkräfte auffedert, weicht die tatsächliche Gratspaltdicke von der theoretischen ab. Durch einen Versatz des Stempels wird sie gleichfalls verändert (Abb. 40). Im ungünstigsten Fall ist dann über einen Teil des Umfangs kein oder nur ein sehr enger Gratspalt vorhanden. Die Gratspaltfläche ist zwar in Abbildung 40 b und 40 c gleich, dennoch sind im letzteren Fall höhere Kräfte zu erwarten, da der Werkstofffluß ungleichmäßiger ist.

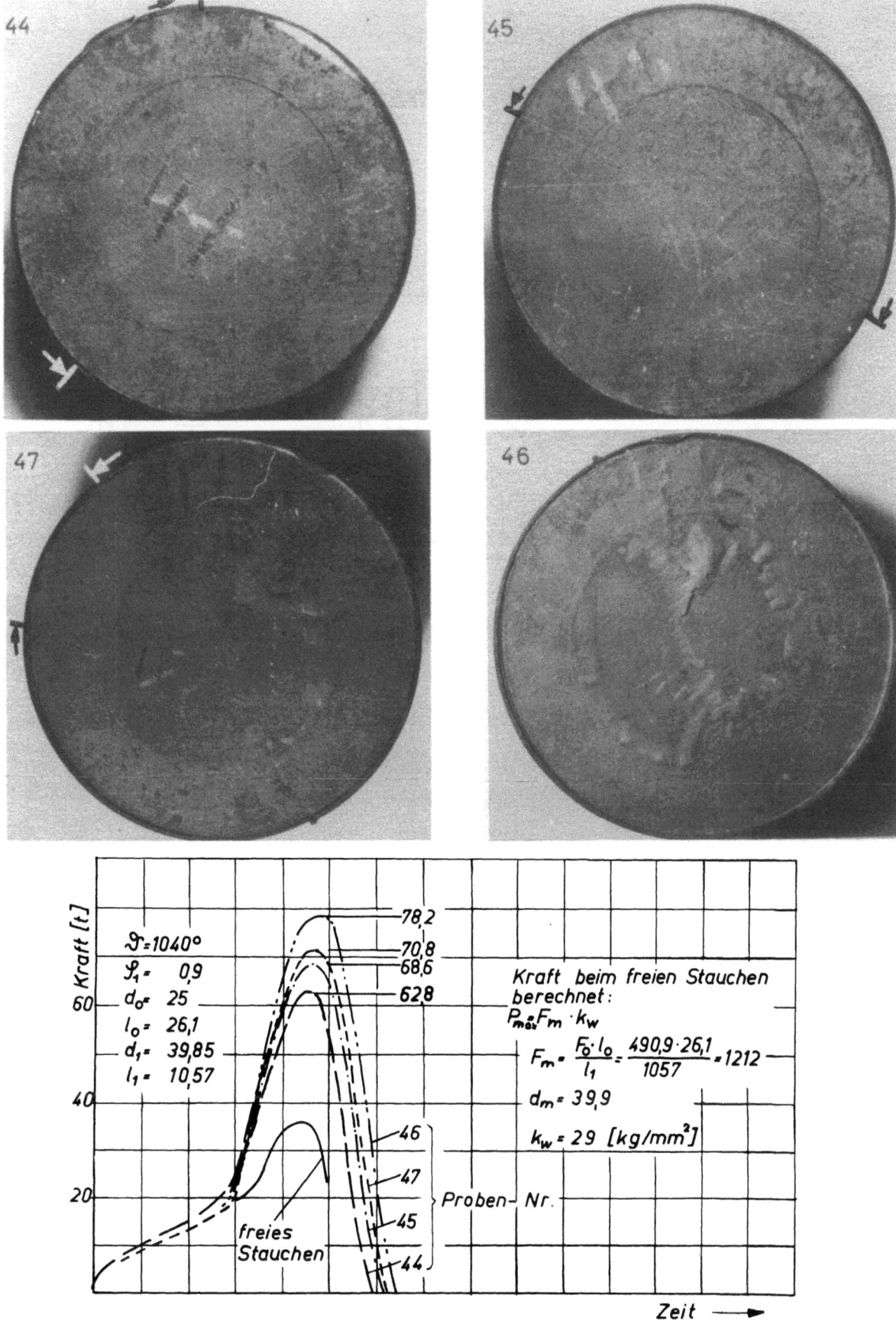

Abbildung 39

Kraftverlauf in Abhängigkeit von der Gratbildung (Grat durch Pfeile gekennzeichnet; bei Probe 46 Grat voll ausgebildet)

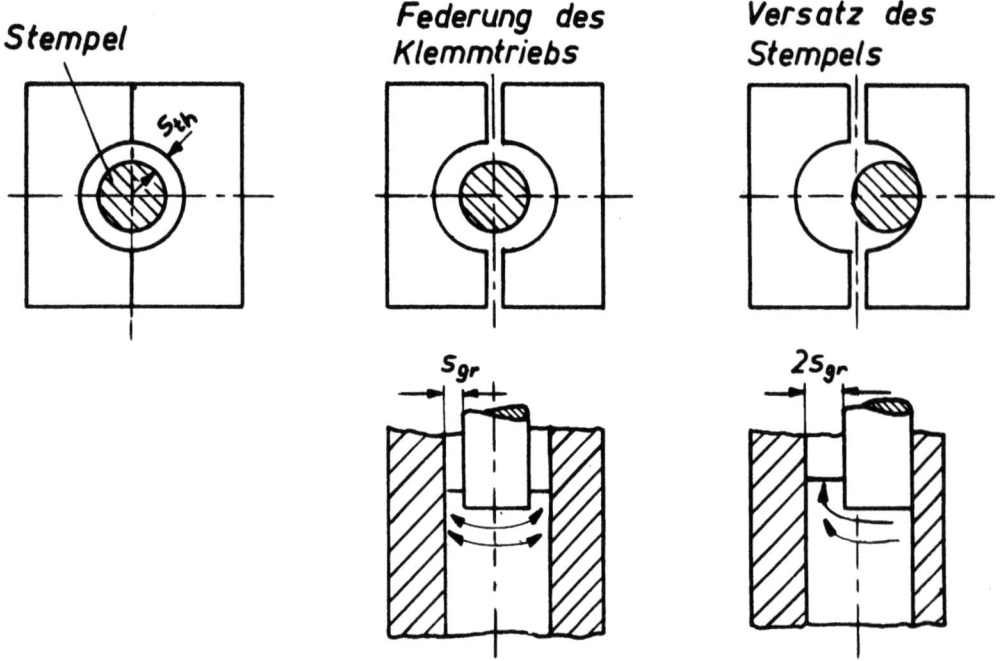

Abbildung 40
Theoretische (s_{th}) und wirkliche (s_{gr}) Gratspaltdicke

Aus den gemessenen Umformkräften wurde der Umformwiderstand am Ende der Umformung k_{we} nach der Formel $k_{we} = P/F_d$ errechnet, wobei F_d die Projektionsfläche des Schmiedestücks in Richtung des Stempels ist. F_d ist gleich $F_1 = \frac{\pi}{4} \cdot d_1^2$ (Abb. 41).

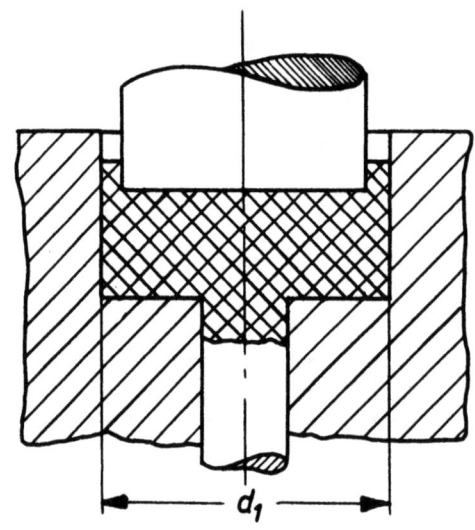

Abbildung 41
Bestimmung der projizierten Fläche

Mit zunehmender Temperatur wird die Größtkraft kleiner (Abb. 42). Aus dieser Abbildung ist aber auch ersichtlich, daß die Endkräfte bzw. der Umformwiderstand am Ende des Vorgangs nicht im gleichen Maße abnehmen wie die Umformfestigkeit. In Abbildung 43 sind die Verhältniswerte $k_f/k_{f(1240°)}$ und $k_{we}/k_{we(1240°)}$ aufgetragen worden mit $k_{..(1240°)}$ als Umformfestigkeit (-widerstand) bei 1240 [°]. Außerdem wurde dieser Verhältniswert für den Augenblick errechnet, in dem der Werkstoff die Gesenkwände erreicht, und für den Umformwiderstand beim freien Stauchen (Tab. 3). Hieraus geht hervor, daß Meßfehler ausgeschlossen werden können, denn solange im Gesenk frei gestaucht wird, stimmen die Verhältniswerte mit denen beim freien Stauchen überein.

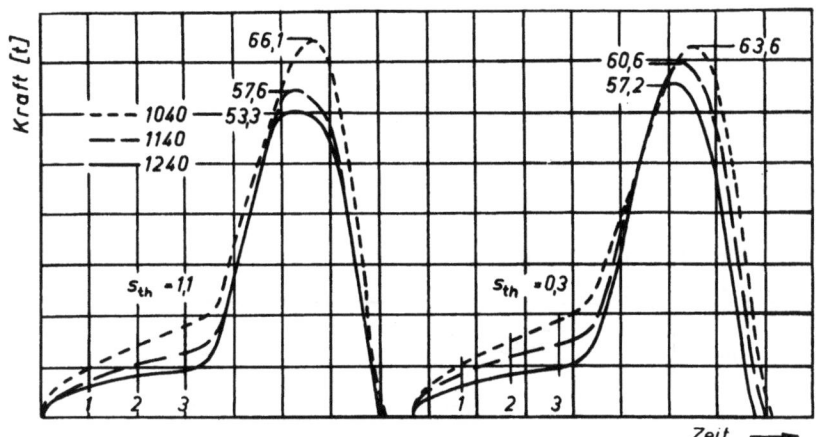

Abbildung 42

Kräfte beim Stauchen in Abhängigkeit von der Temperatur
(Maßstab links und rechts verschieden; d_o = 25,
d_1 = 40; s = 1,67; φ_1 = 0,97, d_1/l_1 = 2,54)

Für die Berechnung der Kräfte hat diese Feststellung eine entscheidende Bedeutung. Gleichgültig, ob man die Kräfte nach der Formel

$$P = F_1 \cdot k_{we} = F_1 \cdot \frac{k_f}{\eta_F},$$

oder - da hier ja ein Fließpreßvorgang vorliegt - nach der Formel

$$P = F_1 \cdot \frac{k_f}{\eta_F} \cdot \ln \frac{F_o}{F_1}$$

berechnet: in jedem Fall muß man einen temperaturabhängigen Umformwirkungsgrad zugrunde legen.

Tabelle 3

Einfluß der Temperatur auf den Umformwiderstand beim freien Stauchen und beim Stauchen im Gesenk vor dem Berühren der Gesenkwände

φ	freies Stauchen		Stauchen im Gesenk	
	$\frac{k_w(1140°)}{k_w(1240°)}$	$\frac{k_w(1040°)}{k_w(1240°)}$	$\frac{k_w(1140°)}{k_w(1240°)}$	$\frac{k_w(1040°)}{k_w(1240°)}$
0,1	1,21	1,49	-	-
0,2	1,24	1,57	1,25	1,62
0,3	1,25	1,59	-	-
0,5	1,28	1,70	1,30	1,70
0,8	-	-	1,27	1,73
0,9	1,30	1,80	-	-

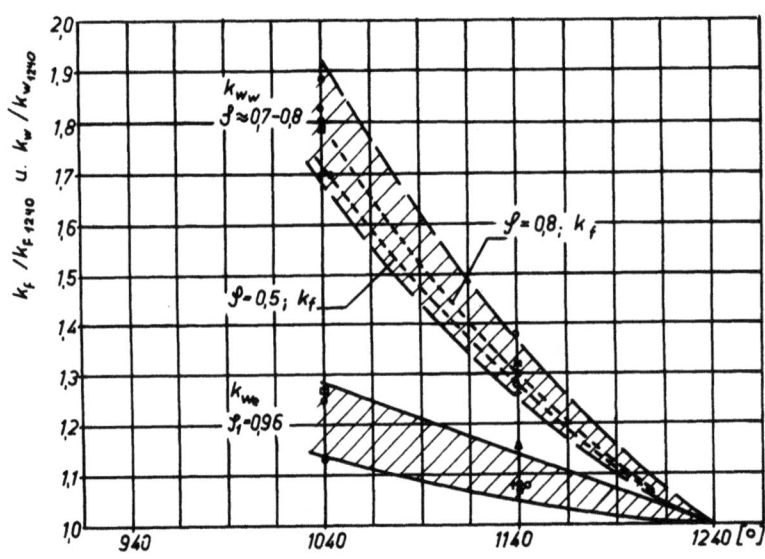

Abbildung 43

Einfluß der Temperatur auf Umformwiderstand und Umformfestigkeit
(k_{w_w} = Umformwiderstand bei Beginn der Wandberührung,
k_{w_e} = Umformwiderstand am Ende der Umformung,
k_f = Umformfestigkeit)

Mit zunehmendem Verhältnis d_1/l_1 wird der Umformwiderstand erwartungsgemäß größer (Abb. 44). Das Verhältnis des Umformwiderstandes bei $d_1/l_1 = 3,9$ zum Umformwiderstand bei $d_1/l_1 = 2,55$ ist beim freien Stauchen und für das Endstadium im Gesenk gleich. Es beträgt für k_w bei

Temperaturen von 1040 bis 1240° 1,2 und für k_{w_e} 1,16 bis 1,18. Es ist allerdings zu bedenken, daß nur ein kleiner Bereich von d_1/l_1 betrachtet wurde.

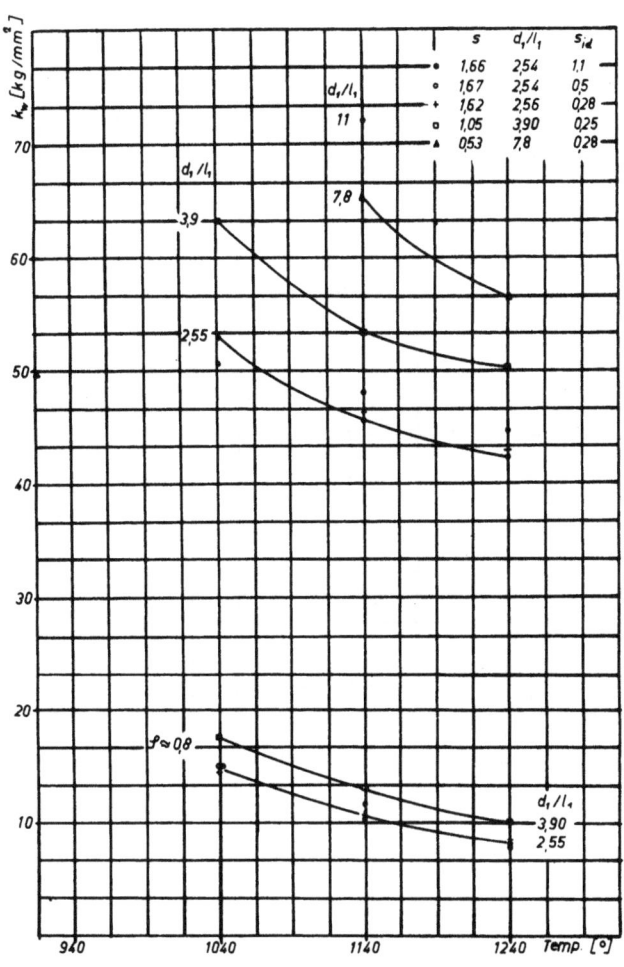

Abbildung 44

Der Umformwiderstand beim Anstauchen im Gesenk

(d_o = 25, d_1 = 40, φ_1 = 0,96)

Die Gratspaltdicke hat erstaunlicherweise keinen erkennbaren Einfluß auf k_{we}, jedenfalls nicht innerhalb des untersuchten Bereiches $0,25 < s_{th} < 1,1$. Nach der Formel von SIEBEL für das Fließpressen:

$$P = F_o \cdot \frac{k_f}{\eta_F} \cdot \ln \frac{F_o}{F_I}$$

müßte die Kraft zunehmen, wenn F_I kleiner wird, d.h. in diesem Fall, wenn die Gratdicke abnimmt. Nun handelt es sich allerdings um den Begin des Fließpressens, so daß der Vorgang noch nicht ein stationäres Stadium erreicht hat, für den die oben genannte Formel gilt.

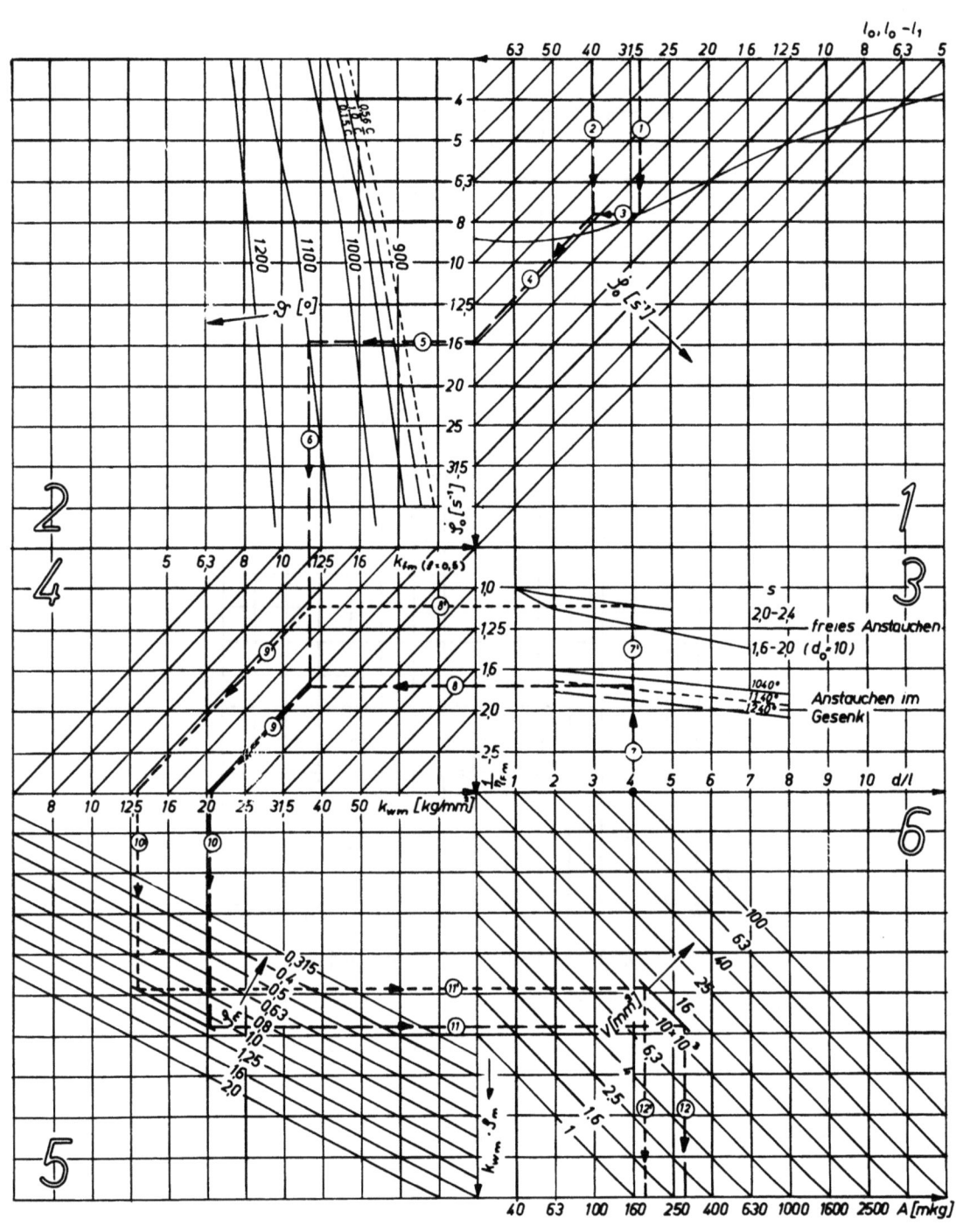

Beispiel:

Werkstoff: C15
Temperatur: 1100[°]
l_0 : 40 [mm]
d_0 : 20 [mm]
l_1 : 10 [mm]
f_m : 1,1

1) Freies Stauchen: 180 [mkg]
2) Stauchen im Gesenk: 280 [mkg]

Abbildung 45

Schaubild zur Bestimmung der Arbeit beim Anstauchen

Ob sich eine ungleichmäßige Gratspaltdicke auf die Kräfte auswirkt, läßt sich unter diesen Umständen nicht sagen, da ja ein Einfluß der Gratspaltdicke nicht mit Sicherheit nachzuweisen ist. Es sei nur vermerkt, daß der Streubereich mit kleiner werdender Gratspaltdicke zunimmt.

34 Die Umformarbeit

Zur Ermittlung der Umformarbeit wurde in Anlehnung an das Schaubild von LANGE [14] ein Berechnungsschaubild entworfen (Abb. 45), das der Abbildung 38 weitgehend ähnelt. Es kam bei der vorliegenden Untersuchung vor allem darauf an, den Umformwirkungsgrad η_{Fm} zu überprüfen.

Die Felder 1 bis 4 entsprechen denen des Schaubildes zur Bestimmung der Umformkräfte, nur ist hier in Feld 2 k_{fm} für $\varphi = 0,5$ in Abhängigkeit von der Umformgeschwindigkeit aufgetragen, und in Feld 3 der Kehrwert des Umformwirkungsgrades η_{Fm} (statt η_F). Es sei noch einmal hervorgehoben, daß der Umformwirkungsgrad η_{Fm} nicht gleich η_F ist. Beide könnten nur übereinstimmen, wenn k_f/k_w gleich $k_{f(\varphi=0,5)}/k_{we}$ wäre, was aber nicht der Fall ist. In Feld 4 erhält man den mittleren Umformwiderstand k_{wm}. Zur Bestimmung von $k_{wm} \cdot \varphi$ dient das Feld 5. Für den Umformgrad ist bei Werkstücken mit unterschiedlicher Dicke ein Mittelwert φ_m (vgl. Abschnitt 31) einzusetzen. In Feld 6 wird schließlich die Umformarbeit ermittelt.

4 Kräfte beim Durchlochen

Der Kraftverlauf beim Durchlochen unterscheidet sich grundsätzlich von dem beim Stauchen. Während hier die Kraft ständig ansteigt und erst gegen Ende des Umformvorgangs geringfügig kleiner wird, ist beim Durchlochen die Höchstkraft nach geringen Umformgraden erreicht. Wenn beim Stauchen und Gesenkschmieden der Größtwert der Umformkraft unter der größten Maschinenkraft bleibt, kann der Umformvorgang ausgeführt werden - es sei denn, das Arbeitsvermögen werde überschritten - denn Umformkraft und von der Maschine angebotene Kraft verlaufen gleichsinnig. Das ist jedoch beim Durchlochen nicht der Fall. In einer Waagerecht-Stauchmaschine mit einer größten Kraft von 100 t kann keineswegs ein Durchlochvorgang ausgeführt werden, der eine Kraft von 100 t erfordert, da in einer Kurbelpresse die größte Kraft erst kurz vor dem Umkehrpunkt zur Verfügung steht, die größte Lochkraft jedoch kurz nach Beginn des Lochvorgangs auftritt. Nun sind allerdings die Kräfte beim Durchlochen

normalerweise wesentlich kleiner als die Kräfte beim Stauchen und
Schmieden von Stangen mit entsprechenden Durchmessern, so daß in den
meisten Fällen das Durchlochen ohne Schwierigkeiten möglich ist. Bei
niedrigen Temperaturen und großen Durchlochtiefen muß man jedoch damit
rechnen, daß die Lochkräfte größer werden als die Maschinenkräfte.
Daher muß der Kraftverlauf beim Durchlochen ebenso beachtet werden wie
die Größtkraft.

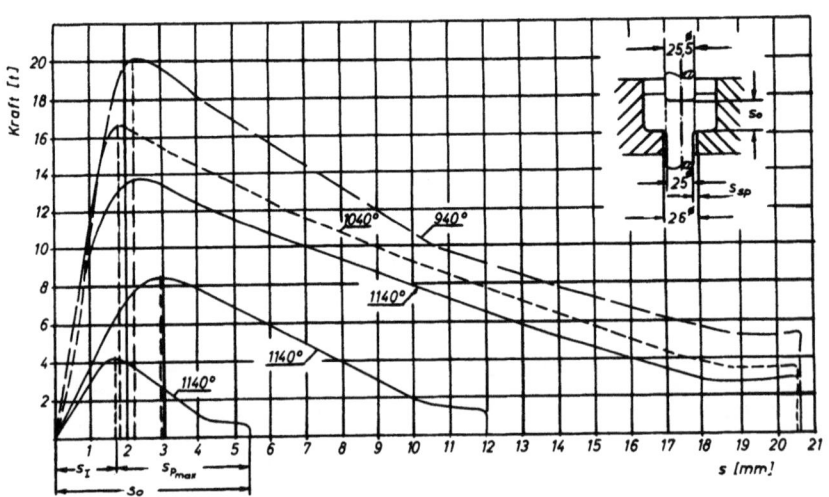

Abbildung 46
Kraftverlauf beim Durchlochen (s_{sp} = 0,25)

In den Abbildungen 46 und 47 sind Kraft-Weg-Kurven für das Durchlochen
bei mehreren Temperaturen, Lochtiefen und Schneidspaltdicken aufgetragen. Man erkennt, daß die Kraft einen Höchstwert erreicht, wenn der
Stempel etwa 1,5 bis 4,5 mm tief eingedrungen ist. (Diese Zahlen gelten
für Lochtiefen von 5 bis 20 mm.) In Abbildung 48 ist das Verhältnis
s_I/s_o gezeichnet (s_o = gesamter Scherweg, s_I = Scherweg, der beim Erreichen der größten Kraft zurückgelegt ist), um die Lage des Kraftmaximums unabhängig von den bei den Versuchen gewählten Lochtiefen darzustellen. s_I/s_o ist danach unabhängig von der Temperatur, nimmt aber
mit zunehmender Lochtiefe ab. Außerdem scheint die Größe des Schneidspaltes von Bedeutung zu sein: bei engeren Spalten wird die größte Kraft
eher erreicht. Mit Hilfe der angegebenen Werte für s_I/s_o, deren Gültigkeit bisher jedoch nur unter den genannten Bedingungen nachgewiesen ist,
läßt sich die Lage des Kraftmaximums beim Durchlochen feststellen. Aus
der Kraft-Weg-Kurve der Maschine kann man dann ersehen, welche Kraft
an dieser Stelle zur Verfügung steht.

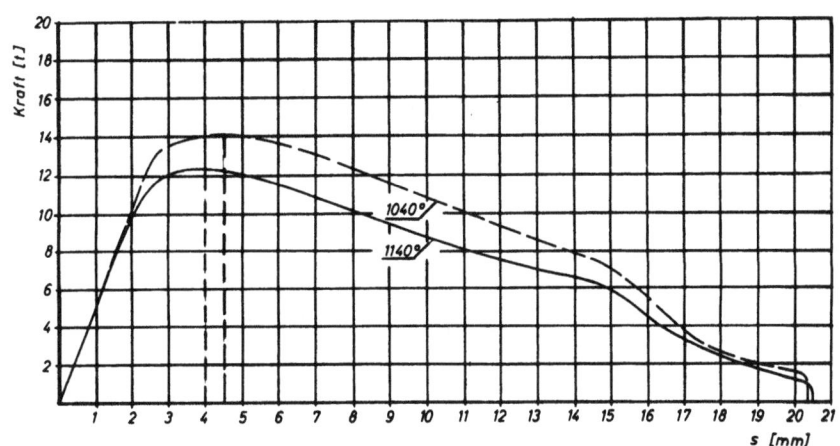

Abbildung 47
Kraftverlauf beim Durchlochen ($s_{sp} = 0,5$)

Als Grundlage für die Ermittlung der Kräfte wurden aus den Meßergebnissen die Scherwiderstände errechnet. Der <u>Technische Scherwiderstand</u> τ_t wird meist zur Berechnung von Scherkräften angegeben. Er ist das Verhältnis der Größtkraft zur gesamten Scherfläche: $\tau_t = P_{max}/F_o$ mit $F_o = \pi \cdot d \cdot s_o$ (d = Stempeldurchmesser, s_o = gesamter Scherweg). Da die größte Kraft erst erreicht wird, wenn der Stempel bereits eingedrungen ist, sagt der Technische Scherwiderstand nichts über die wirkliche Größe des Scherwiderstandes aus. Er gestattet aber die einfache Berechnung der Kräfte, da man außer ihm nur noch die Lochtiefe und den Stempeldurchmesser zu kennen braucht.

Der Scherwiderstand τ ist demgegenüber die auf die jeweilige theoretisch noch auszuscherende Fläche bezogene augenblickliche Kraft:
$\tau = P/F = \dfrac{P}{\pi \cdot d \cdot s}$. Der Scherwiderstand beim Erreichen der Größtkraft ist

$$\tau_{P_{max}} = \frac{P_{max}}{F_{P_{max}}} = \frac{P_{max}}{\pi \cdot d \cdot s_{P_{max}}} \qquad \text{(s. Abb. 46)}$$

Wenn s_I/s_o bekannt ist, läßt sich auch mit diesem Wert die Größtkraft berechnen.

Es sei noch vermerkt, daß auch der Scherwiderstand τ kleiner ist als der <u>wahre Scherwiderstand</u> τ_w, denn im Verlaufe des Schervorgangs bilden sich Anrisse, die von der Auflage und der Stempelunterkante ausgehen und dieser vorauseilen. Die augenblickliche Größe der Anrisse läßt sich aber kaum feststellen, so daß man gezwungen ist, sich mit der Bestimmung des Scherwiderstandes zu begnügen.

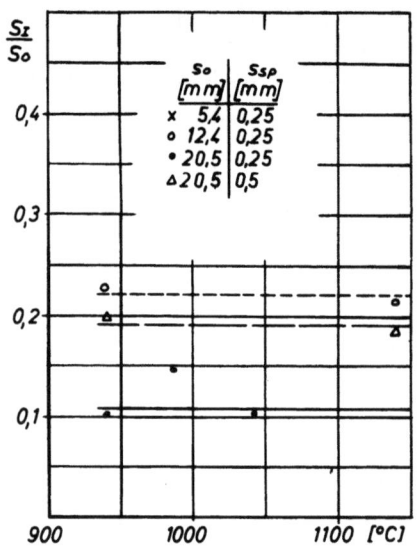

Abbildung 48

Die Lage des Kraftmaximums beim Durchlochen

Der technische Scherwiderstand ist in Abbildung 49 und der Scherwiderstand $\tau_{P\ max}$ in Abbildung 50 in Abhängigkeit von der Temperatur dargestellt. Beide werden mit zunehmender Temperatur und mit zunehmender Lochtiefe kleiner. Das Verhältnis zwischen technischem Scherwiderstand und Scherwiderstand $\tau_{P\ max}$ schwankt zwischen 0,72 und 0,91. Im Mittel ist $\tau_t = 0,82 \cdot \tau_{P\ max}$.

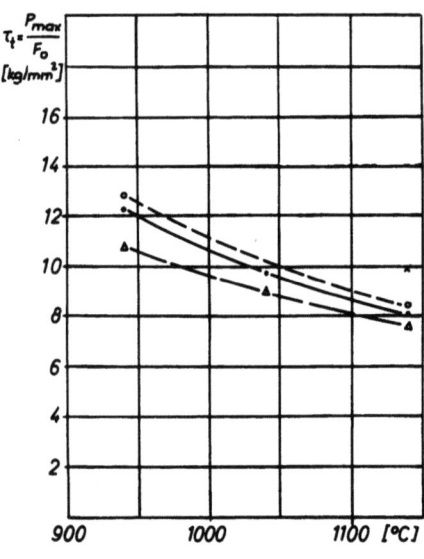

Abbildung 49

Der technische Scherwiderstand beim Durchlochen

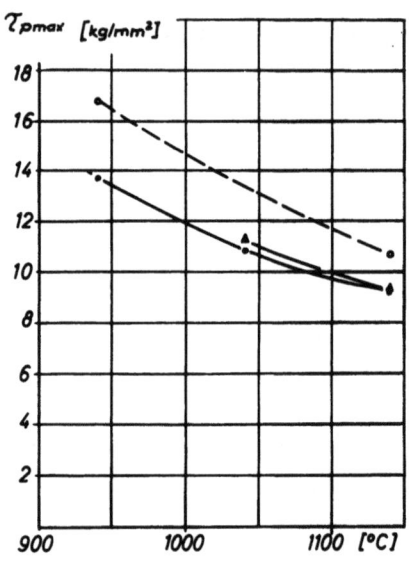

Abbildung 50

Der Scherwiderstand beim Durchlochen

5 Das Verhalten der Werkzeuge unter Last

Die Genauigkeit beim Schmieden in der Waagerecht-Stauchmaschine ist, wie bei allen Umformmaschinen, von der Erwärmung, den Werkzeugen, der Maschine und dem Umformvorgang abhängig. Abweichend von Hämmern und Pressen werden in Waagerecht-Stauchmaschinen dreigeteilte Gesenke verwendet, wodurch sich der Einfluß der Werkzeuge auf die Genauigkeit im Vergleich zu jenen ändert.

Klemmbacken und Stempel haben je drei Verschiebungs- und Verdrehungsmöglichkeiten durch Spiel und elastische Nachgiebigkeit (Abb. 51). Beim Einrichten sind vor allem Fehler durch falsche Einstellung der Klemmbacken in den Richtungen y und z und des Stempels in den Richtungen z und y möglich. Es ergeben sich vier verschiedene Arten des Versatzes (die Stempelachse sei Bezugslinie) (Abb. 52):

1. Ein Versatz der Klemmbackenteilebene gegenüber der Stempelachse (in x-Richtung) V_x
2. Ein Versatz des Klemmbackenpaares gegenüber der Stempelachse (in z-Richtung) V_z
3. Ein Versatz der Klemmbacken gegeneinander in z-Richtung V_{zK}
4. Ein Versatz der Klemmbacken gegeneinander in y-Richtung V_{yK}

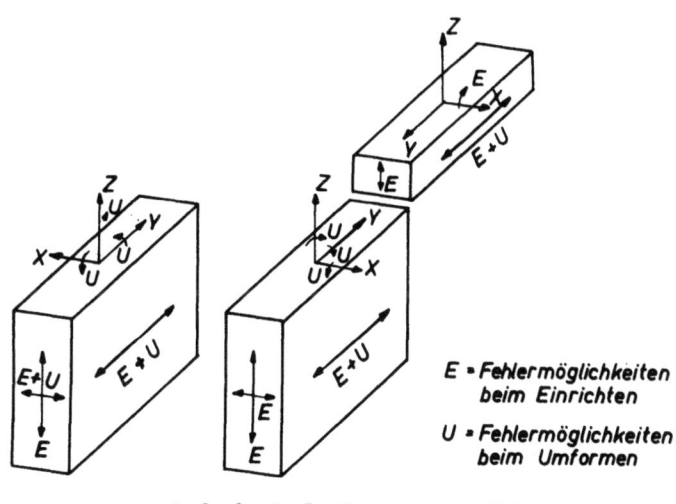

E = Fehlermöglichkeiten beim Einrichten
U = Fehlermöglichkeiten beim Umformen

Abbildung 51
Bewegungsmöglichkeiten von Klemmbacken und Stempel

Eine fehlerhafte Einstellung des Stempels gegenüber den Klemmbacken in y-Richtung hat falsche Dickenabmessungen des Werkstücks zur Folge. In diesem Zusammenhang ist auch die Gestellfederung zu beachten. Um ihre

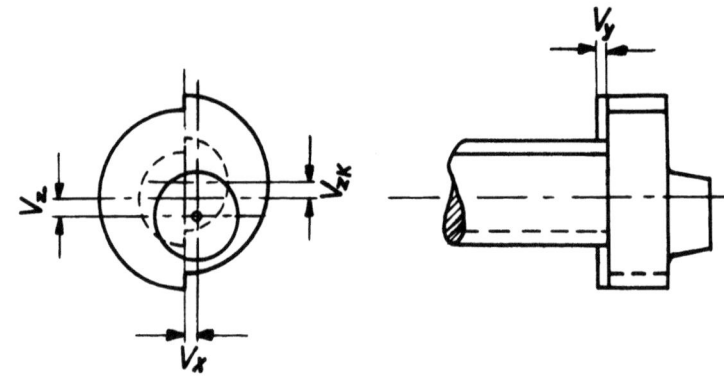

Abbildung 52

Versatz an Werkstücken aus der Waagerecht-Stauchmaschine

Größe zu bestimmen, wurde für mehrere Stauchverhältnisse die Ausgangslänge l_o gleich gehalten, die Temperaturen und damit auch die Kräfte aber geändert. Die Endlänge l_1 war umso größer, je niedriger die Temperaturen lagen. In Abbildung 53 sind die Längendifferenzen

$$\Delta l = l_1 (\vartheta = 940°) - l_1 (\vartheta = x)$$

über den Kraftdifferenzen

$$\Delta P = P_1 (\vartheta = 940°) - P_1 (\vartheta = x)$$

aufgetragen. Es zeigt sich ein linearer Anstieg über der Kraft.

Aus diesen Kurven läßt sich eine Gesamtfederzahl der Maschine in Stauchrichtung c_{ges} = 35 [t/mm] errechnen. Eine Temperaturabnahme von 1140 auf 940° hat in der untersuchten Maschine beim freien Anstauchen von Rundstangen mit 25 mm Durchmesser und einem Umformgrad von φ = 1,5 - 1,6 eine Längenzunahme von etwa 0,5 mm zur Folge, kann also nicht mehr vernachlässigt werden. Außer diesen Verschiebungen sind noch Drehbewegungen des Stempels möglich. So muß beim Einrichten dafür gesorgt werden, daß der obere Stempelhalter sich nicht schräg stellt.

Um das Verhalten der Klemmbacken beim Schmieden zu untersuchen, wurde die Relativbewegung des oberen Klemmbackenpaares ermittelt. Zu diesem Zweck wurden zwei Philips-Verlagerungsaufnehmer auf der feststehenden Klemmbacke vorn (Gravurseite) und hinten (Klemmseite) befestigt (Abb. 8). Durch zwei Anschläge auf der bewegten Klemmbacke wurden die Meßstifte verschoben. Bei zahlreichen Versuchen wurde auch die Klemmkraft mit einem Zwei-Säulen-Kraftmeßgestell, das hinter der festen Klemmbacke angeordnet war, gemessen (Abb. 5). Dieses Meßgestell vergrößerte allerdings die Federzahl in Richtung des Klemmtriebes, so daß weitere Versuche ohne diese Meßeinrichtung nötig waren.

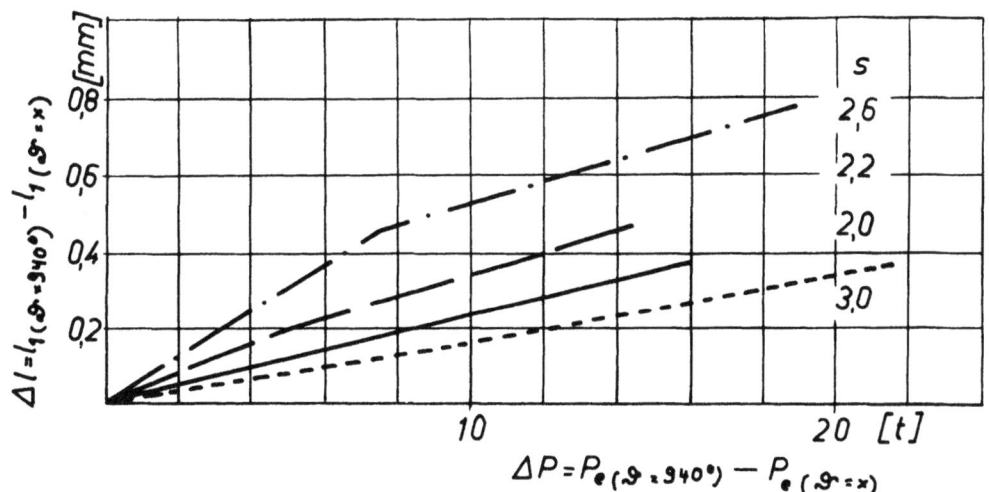

Abbildung 53
Einfluß der Umformkraft auf die Endlänge (C 15; d_o = 25 mm)

Abbildung 54 a zeigt den Verlauf der Klemmbacken-Bewegung, wenn keine Stange eingelegt ist. Die Klemmbacken verharren in der nach dem Schließen eingenommenen Stellung. Abbildung 54 c gibt den Vorgang beim Einlegen und Klemmen einer normal erwärmten Stange wieder, ohne daß diese gestaucht wird. Die Neigung der Kurven bedeutet, daß sich die Klemmbacken an Gravur- und Klemmseite einander nähern. Als Ursache muß die Abkühlung der Stange angesehen werden. Beim Öffnen der Klemmbacken nähern sich die Klemmbacken dann in verstärktem Maße. Dies kann nur dadurch erklärt werden, daß die Klemmbacken sich beim Schließen um die Längs-(y-)Achse gedreht haben und jetzt beim Rückgang der Klemmkraft in ihre Ausgangsstellung zurückkehren (Abb. 55).

Beim Stauchen ändert sich der Verlauf der Kurven (Abb. 54 b). Auf der Gravurseite nähern sich die beiden Klemmbacken nach dem Beginn des Kraftanstiegs zunächst noch, während sie sich an der Klemmseite voneinander entfernen, da die Backen offenbar um die z-Achse gedreht werden. Bei weiterer Vergrößerung der Kraft dringt dann Werkstoff zwischen die Klemmbacken, so daß diese an der Gravurseite stärker auseinandergedrückt werden. Diese Annahme wird dadurch bestätigt, daß die Klemmbacken

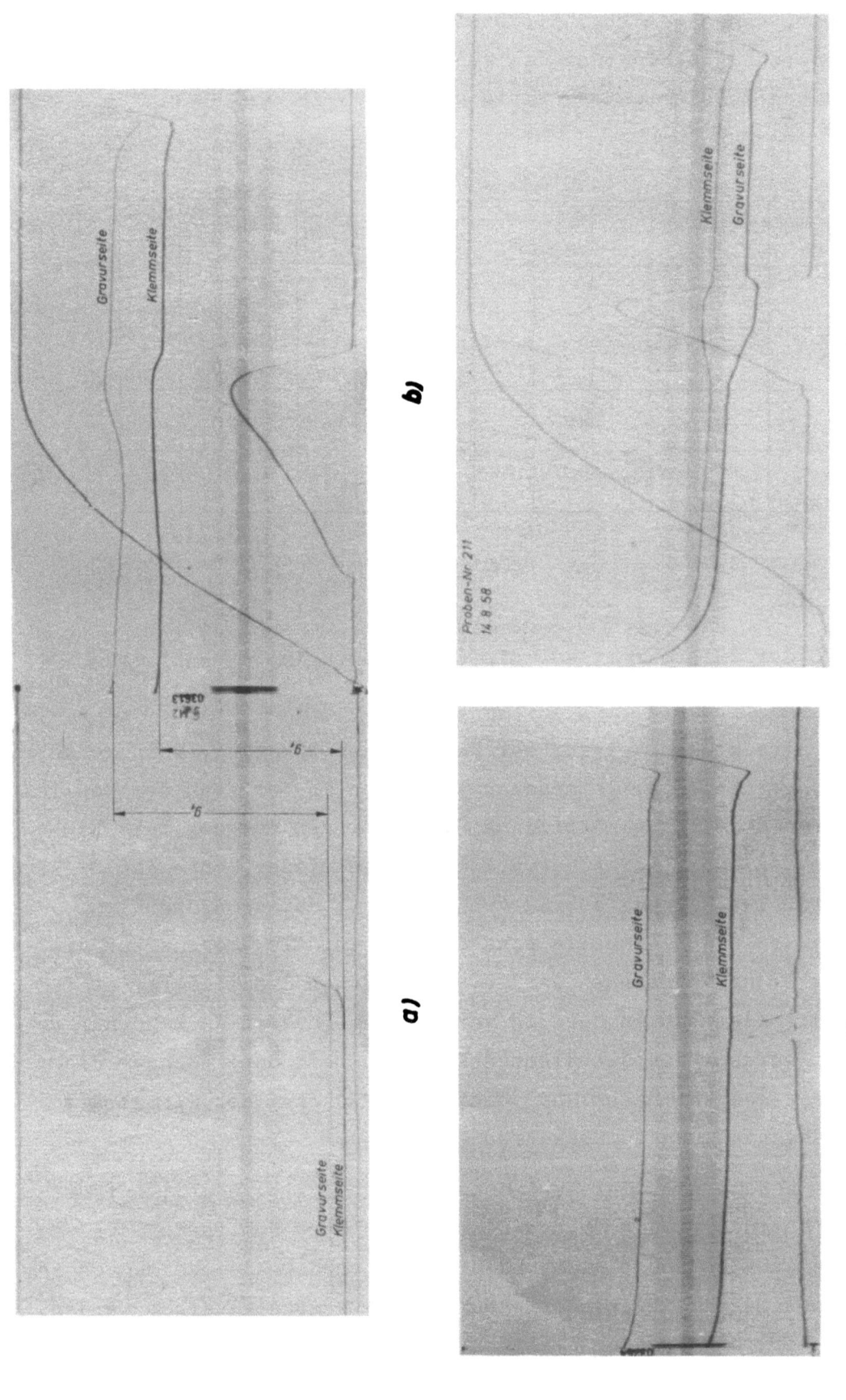

Abbildung 54   Relative Klemmbackenbewegung

a) ohne Werkstück
b) Anstauchen von Scheiben im Gesenk (g_1 = Gratdicke nach dem Klemmen)
c) Klemmen einer auf 1140° erwärmten Stange
d) Anstauchen einer ringförmigen Probe

nach dem Absinken der Umformkraft an der Gravurseite ihre ursprüngliche Lage nicht wieder einnehmen.

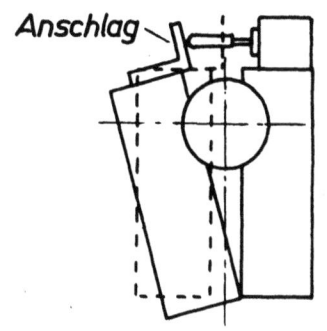

A b b i l d u n g 55
Verdrehung der Klemmbacken beim
Schmieden in der oberen Gravur

Beim Anstauchen eines Ringes (Abb. 54 d) werden die Klemmbacken auf der Gravurseite zusammengedrückt und auf der Klemmseite voneinander entfernt, da sie sich infolge des ringförmigen Kraftangriffs um die z-Achse drehen.

Weiteren Aufschluß gibt die gleichzeitige Aufzeichnung der Klemmkräfte und Klemmbackenwege (Abb. 56). Auf der Gravurseite ist die Klemmkraft anfangs kleiner als auf der Klemmseite. Sie nimmt dann bei Beginn des Stauchvorgangs zu, während sie auf der Klemmseite absinkt. Die Klemmkraft bleibt nach dem Ende des Umformvorgangs auf der Gravurseite größer als vor der Umformung, auf der Klemmseite ist sie kleiner. Verlauf von Umformkraft, Klemmkraft und Klemmbackenbewegung entsprechen etwa einander, es ist jedoch zu beachten, daß eine Bewegung der Klemmbacken in einer Richtung sowohl von einer Zunahme als auch von einer Abnahme der Klemmkraft begleitet sein kann. Ferner ist zu erkennen, daß der Höchstwert der Umformkraft eher erreicht wird als derjenige der Klemmbackenkraft und der Klemmbackenbewegung.

Der Umformvorgang soll nun noch einmal unter Berücksichtigung des Weg- und Kraftverlaufs betrachtet werden. Er läßt sich in vier Abschnitte unterteilen:

1. Beginn der Berührung zwischen Klemmbacke und Stange bis zum Ende des Klemmkraftanstiegs,

2. Abschnitt bis zum Beginn der Umformung,

3. Umformen,

4. Ende der Umformung bis Ende des Klemmvorgangs.

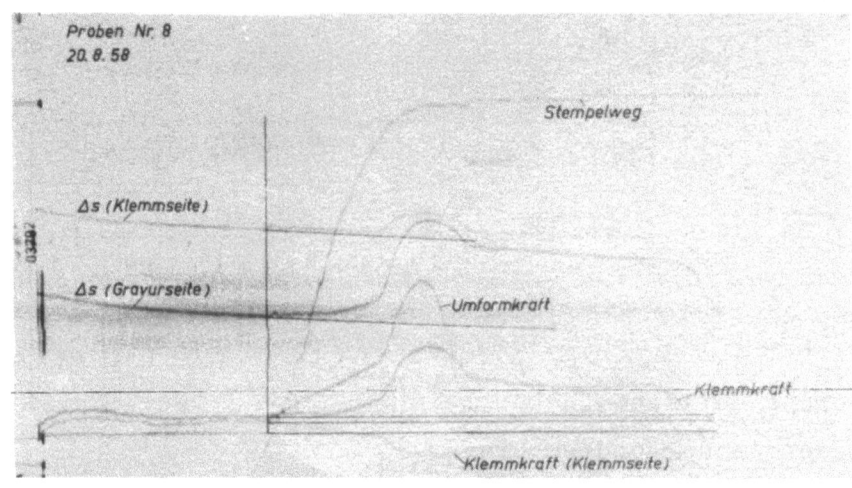

Abbildung 56
Umformkraft, Klemmkraft und Klemmbacken-
verschiebung beim Stauchen im Gesenk

1. Abschnitt

Die Stange liegt in der Gravur. Ihr vorderes Ende ist wärmer und hat deshalb einen größeren Durchmesser als das hintere, aber auch einen geringeren Umformwiderstand. Die Klemmbacken schließen und verformen die Stange vorn stärker, sie kommen deshalb vorn näher zusammen und werden um die z-Achse gedreht, ebenso um die y-Achse, wenn in der oberen oder unteren Gravur geschmiedet wird.

Je nach dem Verhältnis des Stangendurchmessers zu den Gravurabmessungen bleibt ein mehr oder weniger großer Spalt zwischen den Klemmbacken.

2. Abschnitt

Die Stange kühlt ab. Wegen der größeren Temperatur ist die Abkühlgeschwindigkeit auf der Gravurseite größer als auf der Klemmseite. Daher nähern sich die Klemmbacken einander, und zwar vorn mehr als hinten.

3. Abschnitt

Mit dem Beginn der Umformung fließt Werkstoff zwischen die Klemmbacken, sie werden dadurch stärker auseinandergedrückt. Die Folge davon ist:

1. eine Verschiebung in x-Richtung, und zwar an der Gravurseite stärker als an der Klemmseite,

2. eine Drehung um die z-Achse. Die Verschiebung an der Gravurseite ist nämlich größer als die an der Klemmseite. Die Klemmkraft wird

an der Gravurseite vergrößert, während sie an der Klemmseite abnimmt (Abb. 57). Da P_{kl} kleiner wird, muß sich die rechte Klemmbacke gedreht haben. Abbildung 56 zeigt außerdem, daß sich die Backen voneinander entfernt haben. Daher muß $\Delta s'_{kl} > \Delta s_{kl}$ sein.

Während des Stauchens dringt ständig weiterer Werkstoff zwischen die Klemmbacken. Dadurch werden sie wahrscheinlich weiter um die z-Achse gedreht. Der Stempel wird beim Stauchen wahrscheinlich in y-Richtung verschoben und beim Stauchen in der oberen Gravur um die x-Achse gedreht.

Beim Schmieden in der mittleren Gravur wird vor allem eine Drehung um die z-Achse und eine Verschiebung in x- und y-Richtung erfolgen.

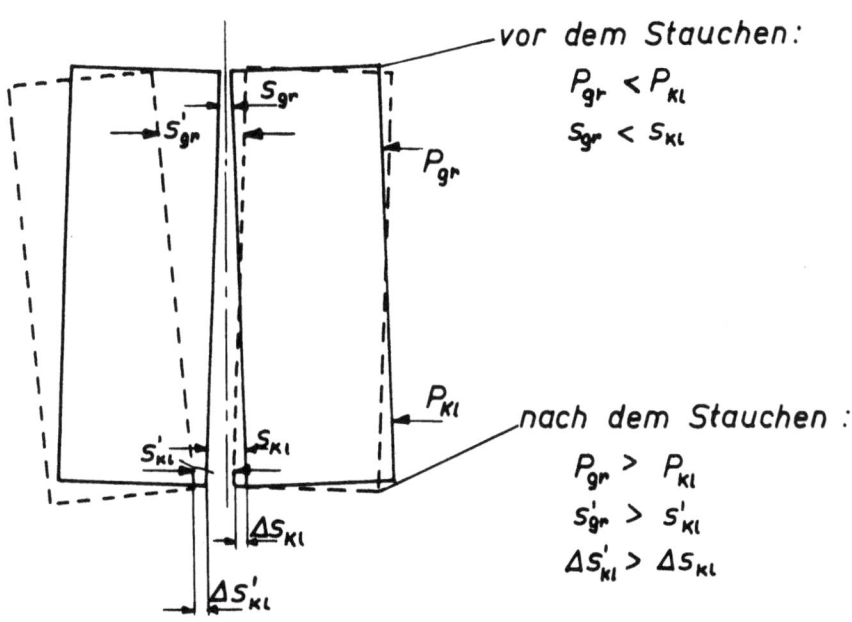

Abbildung 57
Verschiebung und Drehung der Klemmbacken

4. Abschnitt

Da Werkstoff zwischen die Klemmbacken gedrungen ist, kehren sie nicht in die ursprüngliche Lage zurück; der Grat wird zwar nach dem Aufhören der Umformkraft etwas zusammengedrückt, der Abstand zwischen den Klemmbacken und die Klemmkräfte auf der Gravurseite bleiben aber größer als vorher. Die Abkühlgeschwindigkeit hat abgenommen, wie die geringere Neigung der Kurven zeigt. Beim Entlasten nähern sich die Klemmbacken einander noch, weil sie sich um die y-Achse in die Ausgangslage drehen.

Die Form des Werkstücks, die sich auf Grund dieser Bewegungen ergibt, ist in Abbildung 58 angedeutet.

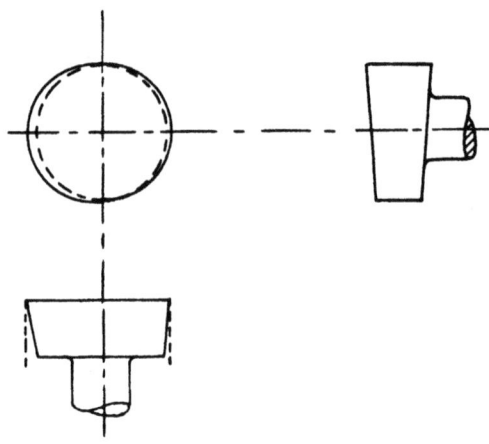

Abbildung 58
Auswirkung der Werkzeugverlagerungen auf die Werkstückform

Über die Größe der Auffederung der Klemmbacken geben die Abbildungen 59 und 60 Auskunft. In Abbildung 59 sind die Größtwerte der Klemmbackenverlagerung auf der Gravur- und Klemmseite in Abhängigkeit von der Umformkraft aufgetragen, in Abbildung 60 die Klemmbackenverlagerung während der Umformung einer Probe. Die Kurven, die bei Versuchen mit eingebautem Klemm-Kraftgeber erhalten wurden, sind gestrichelt eingezeichnet. Infolge der größeren Federung sind hierbei die Klemmbackenwege wesentlich größer als bei fehlender Kraftmeßvorrichtung.

Bei der Beurteilung der Meßergebnisse ist zu berücksichtigen, daß die Messungen nicht in der Umformebene erfolgten, sondern oberhalb. Da angenommen werden muß, daß die Klemmbacken unter Winkeln von α und β gegen die Senkrechte geneigt sind, sind die Verschiebungen in der Umformebene kleiner. Sie seien mit s'_{gr} und s'_{kl} bezeichnet (Abb. 61). Für s'_{gr} und s'_{kl} ergeben sich folgende Werte:

$$s'_{gr} = s_{gr} - a \cdot \sin\alpha - a \cdot \sin\beta = s_{gr} - a(\sin\alpha + \sin\beta)$$

$$s'_{kl} = s_{kl} - a \cdot \sin\alpha - a \cdot \sin\beta = s_{kl} - a(\sin\alpha + \sin\beta)$$

a ist die Entfernung von der Mitte des Meßstiftes zur Gravurmitte. Es wird vorausgesetzt, daß sich die Klemmbackenquerschnitte nicht gegeneinander verdrehen, so daß die Neigungswinkel an der vorderen und hinteren Meßstelle gleich sind. Diese sind jedoch nicht bekannt. Der

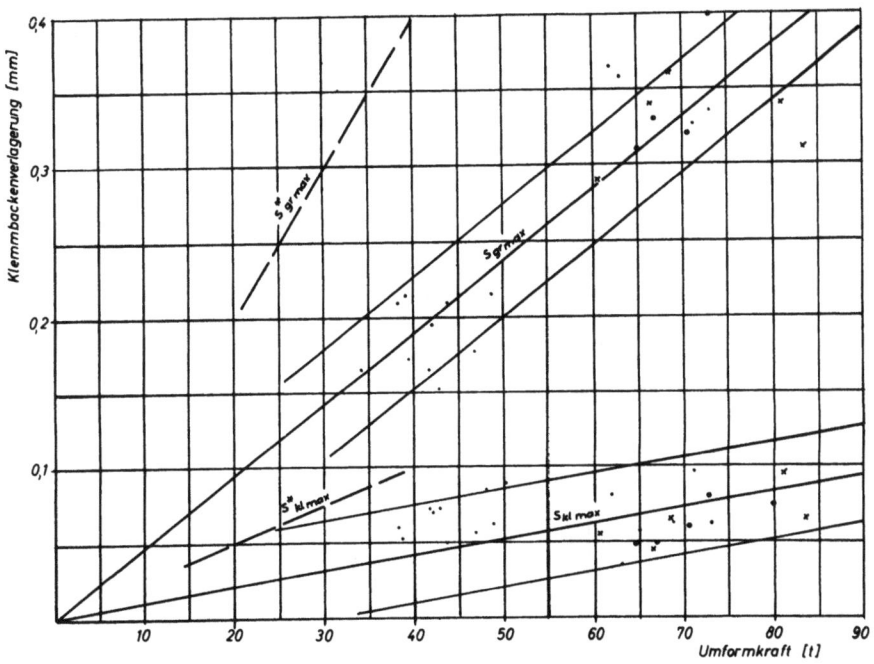

Abbildung 59
Relative Klemmbackenverlagerung in Abhängigkeit
von der größten Umformkraft

Unterschied zwischen der Klemmbackenbewegung auf der Gravur- und Klemmseite ist jedoch in der Meß- und in der Umformebene gleich:
$s'_{gr} - s'_{kl} = s_{gr} - s_{kl}$.

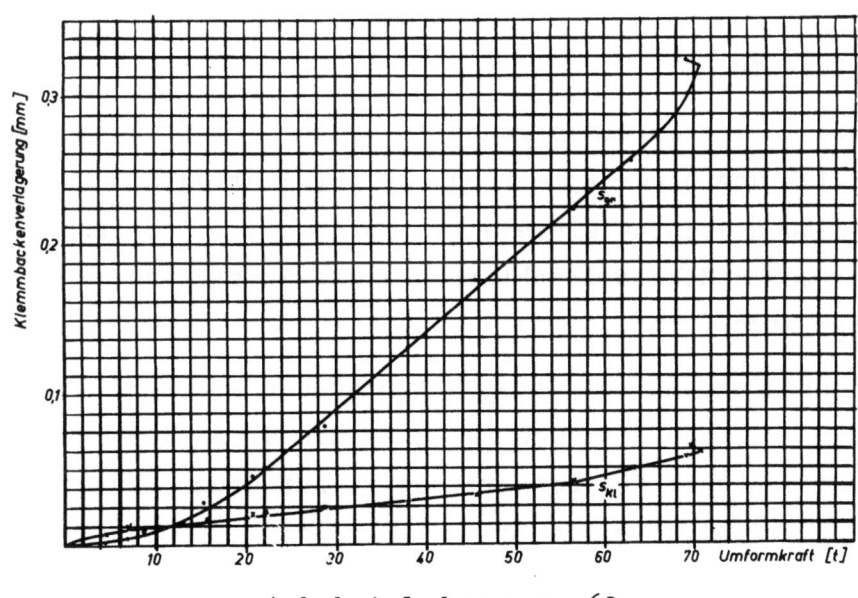

Abbildung 60
Relative Klemmbackenverlagerung in Abhängigkeit
von der Umformkraft

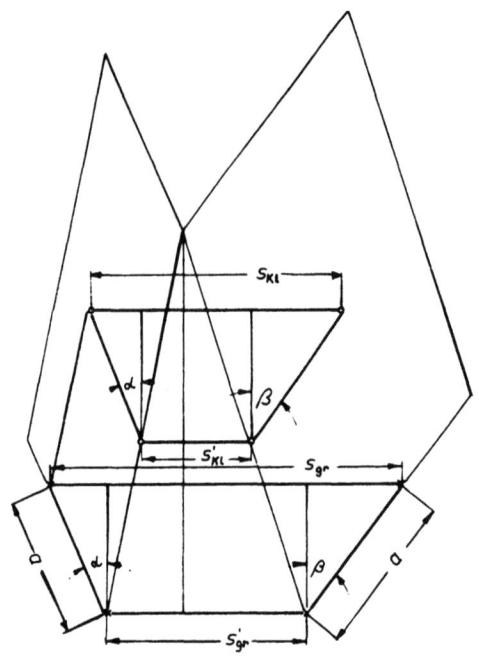

Abbildung 61
Die Größe der Klemmbackenverlagerung in der
Meß- und der Umformebene

Nimmt man an, daß die Klemmbacken auf der Klemmseite einander berühren, dann gibt die Differenz $s_{gr} - s_{kl}$ die Größe der Klemmbackenöffnung unter der Wirkung der Umformkraft an. Bei 80 t beträgt sie etwa 0,3 mm. Diese Zahl gilt für das Stauchen im Gesenk.

6 Zusammenfassung

Die Untersuchung des Umformvorgangs in Waagerecht-Stauchmaschinen wurde mit der Entwicklung einer Formenordnung für Schmiedestücke aus der Waagerecht-Stauchmaschine eingeleitet. Sie soll die Übersicht über die Vielzahl der Werkstücke erleichtern und die Aufstellung von Regeln für verwandte Werkstückformen ermöglichen.

Für die Zwischenformung beim freien Anstauchen sowie beim Anstauchen von Zylindern und Kegeln im Gesenk wurde die Größe des zulässigen Stauchverhältnisses im Versuch ermittelt. Auf Grund dieser Ergebnisse wurde ein Schaubild entworfen, mit dessen Hilfe sich die Abmessungen beim Anstauchen festlegen lassen.

Als Grundlage für die Berechnung von Umformkräften und Umformarbeiten wurden beim freien Stauchen und beim Anstauchen im Gesenk die Umformwirkungsgrade $1/\eta_F$ und $1/\eta_{Fm}$ ermittelt und zur Erleichterung des Rechnungsganges zwei Berechnungsschaubilder entworfen.

Die Kräfte beim Durchlochen wurden ebenfalls untersucht und der Kraftverlauf, die Lage des Kraftmaximums und der Größtwert der Kraft bestimmt.

Abschließend wurde der Einfluß der Umformkräfte auf die Genauigkeit behandelt. Nach einer Betrachtung über die Versatzmöglichkeiten in Waagerecht-Stauchmaschinen wurden Werte über die Größe der Auffederung in Richtung des Hauptstempels und der Klemmbacken beim Umformen angegeben.

Dr.-Ing. Heinz Meyer

7 Literaturverzeichnis

[1] MEYERCORDT, F.   Entwicklung schneller Warmumformpressen
Werkstattstechnik 49 (1959) S. 470/74

[2] SPIES, K.   Die Zwischenformen beim Gesenkschmieden und ihre Herstellung durch Formwalzen
Dissertation Technische Hochschule Hannover, 1957
vgl. Werkstattstechnik und Maschinenbau 47 (1957) S. 201/205

[3] LANGE, K.   Die Waagerecht-Stauchmaschine im Schmiedebetrieb
Werkstattstechnik 49 (1959) S. 461/68

[4] KIENZLE, O.   Die Grundpfeiler der Fertigungstechnik
Werkstattstechnik und Maschinenbau 46 (1956) S. 204

[5]   Untersuchungen einer Waagerecht-Stauchmaschine
Nicht veröffentlichter Bericht über eine Untersuchung in der Forschungsstelle Gesenkschmieden

[6] OLBRICH   Bestimmung der kegeligen Vorform für das gratfreie Stauchen von Rundstäben
Schmiedetechnische Mitteilungen (1944) Nr. 7, S. 551/61

[7] STROBEL, E. und H. WAGNER   Bestimmung der kegeligen Vorform für das Warmstauchen von Rundstäben
Werkstatt und Betrieb 85 (1952) S. 325/26

[8] BRUCHANOW, A.N. und A.B. REBELSKI   Gesenkschmieden und Warmpressen
Moskau 1952. Deutsche Übersetzung: VEB-Verlag Technik, Berlin, 1955

[9] BILLIGMANN, J.   Stauchen und Pressen
Carl Hauser-Verlag, München, 1953

[10] BILLIGMANN, J.	Entwicklungen auf dem Gebiet des Warmstauchens und Warmpressens in der Serien- und Massenfertigung
Werkstatt und Betrieb 81 (1951)
S. 455/62

[11] WEVER und LUEG	Warmstauchversuche zur Ermittlung der Formänderungsfestigkeit von Gesenkschmiedestählen
Forschungsbericht Nr. 283 des Wirtschafts und Verkehrsministeriums des Landes Nordrhein-Westfalen. Westdeutscher Verlag, Köln und Opladen, 1956

[12] SIEBEL, E.	Die Formgebung im bildsamen Zustand
Verlag Stahleisen, Düsseldorf, 1932

[13] COOK, P.M.	True stress-strain curves for steel
Veröffentlicht von: The Institution of Mechanical Engineers, Westminster, 1957
Vgl. Werkstattstechnik und Maschinenbau 48 (1958) S. 673/76

[14] LANGE, K.	Beitrag zur Ermittlung des Kraft- und Arbeitsbedarfs beim Gesenkschmieden
Bericht aus der Forschungsstelle Gesenkschmieden am Institut für Werkzeugmaschinen und Umformtechnik der Technischen Hochschule Hannover, Nr. 61
vgl. Industrie-Anzeiger 80 (1958)
S. 631/34

[15] LUEG, W. und A.G. MÜLLER	Formänderungsverhalten von Stahl C 45 beim Stauchen und Scheren in Abhängigkeit von Temperatur und Formänderungsgeschwindigkeit
Archiv Eisenhüttenwesen 28 (1957)
S. 505/30
s. auch Stahl und Eisen 76 (1956)
S. 887/96

FORSCHUNGSBERICHTE
DES LANDES NORDRHEIN-WESTFALEN

Herausgegeben durch das Kultusministerium

EISENVERARBEITENDE INDUSTRIE

HEFT 39
Forschungsgesellschaft Blechverarbeitung e. V., Düsseldorf
Untersuchungen an prägegemusterten und vorgelochten Blechen
1953, 46 Seiten, 34 Abb., DM 9,50

HEFT 43
Forschungsgesellschaft Blechverarbeitung e. V., Düsseldorf
Forschungsergebnisse über das Beizen von Blechen
1953, 48 Seiten, 38 Abb., 3 Tabellen, DM 11,30

HEFT 51
Verein zur Förderung von Forschungs- und Entwicklungsarbeiten in der Werkzeugindustrie e. V., Remscheid
Untersuchungen an Kreissägeblättern für Holz, Fehler- und Spannungsprüfverfahren
1953, 50 Seiten, 23 Abb., DM 10,—

HEFT 56
Forschungsgesellschaft Blechverarbeitung e. V., Düsseldorf
Untersuchungen über einige Probleme der Behandlung von Blechoberflächen
1954, 52 Seiten, 42 Abb., DM 11,20

HEFT 60
Forschungsgesellschaft Blechverarbeitung e. V., Düsseldorf
Untersuchungen über das Spritzlackieren im elektrostatischen Hochspannungsfeld
1954, 82 Seiten, 53 Abb., 7 Tabellen, DM 17,—

HEFT 61
Verein zur Förderung von Forschungs- und Entwicklungsarbeiten in der Werkzeugindustrie e. V., Remscheid
Schwingungs- und Arbeitsverhalten von Kreissägeblättern für Holz
1954, 54 Seiten, 31 Abb., DM 11,40

HEFT 65
Fachverband Schneidwarenindustrie, Solingen
Untersuchungen über das elektrolytische Polieren von Tafelmesserklingen aus rostfreiem Stahl
1954, 90 Seiten, 38 Abb., 9 Tabellen, DM 17,35

HEFT 87
Gemeinschaftsausschuß Verzinken, Düsseldorf
Untersuchungen über Güte von Verzinkungen
1954, 68 Seiten, 56 Abb., 3 Tabellen, DM 15,30

HEFT 98
Fachverband Gesenkschmieden, Hagen
Die Arbeitsgenauigkeit beim Gesenkschmieden unter Hämmern
1955, 132 Seiten, 55 Abb., 9 Tabellen, DM 24,75

HEFT 116
Prof. Dr.-Ing. E. Siebel und Dr.-Ing. H. Weiss, Stuttgart
Untersuchungen an einigen Problemen des Tiefziehens — I. Teil
1955, 74 Seiten, 50 Abb., 6 Tabellen, DM 14,50

HEFT 117
Dr.-Ing. H. Beißwänger, Stuttgart und Dr.-Ing. S. Schwandt, Trier
Untersuchungen an einigen Problemen des Tiefziehens — II. Teil
1955, 92 Seiten, 34 Abb., 8 Tabellen, DM 17,70

HEFT 150
Prof. Dr.-Ing. O. Kienzle und Dipl.-Ing. F. W. Timmerbeil, Hannover
Das Durchziehen enger Kragen an ebenen Fein- und Mittelblechen
1955, 52 Seiten, 20 Abb., 8 Tabellen, DM 11,30

HEFT 177
Dipl.-Ing. H. Stüdemann, Solingen und Dr.-Ing. W. Müchler, Essen
Entwicklung eines Verfahrens zur zahlenmäßigen Bestimmung der Schneideigenschaften von Messerklingen
1956, 104 Seiten, 68 Abb., 4 Tabellen, DM 22,00

HEFT 224
Dipl.-Ing. H. Stüdemann und Ing. R. Beu, Solingen
Verfahren zur Prüfung der Korrosionsbeständigkeit von Messerklingen aus rostfreiem Stahl
1956, 82 Seiten, 28 Abb., DM 16,90

HEFT 225
Dr.-Ing. E. Barz, Remscheid
Der Spannungszustand von Gattersägeblättern
1956, 74 Seiten, 54 Abb., DM 16,50

HEFT 277
Dr.-Ing. W. Müchler, Essen
Untersuchung und zahlenmäßige Bestimmung der Schneideigenschaften von Messern mit besonderer Berücksichtigung rostfreier Messerstähle
1956, 60 Seiten, 27 Abb., 5 Tabellen, DM 13,20

HEFT 283
Prof. Dr. F. Wever und Dr.-Ing. W. Lueg, Düsseldorf
Warmstauchversuche zur Ermittlung der Formänderungsfestigkeit von Gesenkschmiede-Stählen
1956, 44 Seiten, 19 Abb., DM 9,90

HEFT 285
Prof. Dr.-Ing. O. Kienzle, Dr.-Ing. K. Lange, Hannover und Dipl.-Ing. H. Meinert, Osterode
Einfluß der Oberfläche auf das Verschleißverhalten von Schmiedegesenken
1956, 62 Seiten, 29 Abb., 8 Tabellen, DM 14,60

HEFT 286
Dr.-Ing. K. Lange, Hannover, Dipl.-Ing. H. Meinert, Osterode, unter Mitarbeit von Dr.-Ing. H. Arend, Mülheim (Ruhr)
Verschleißverhalten hartverchromter Schmiedegesenke
1956, 74 Seiten, 53 Abb., 6 Tabellen, DM 17,65

HEFT 321
Prof. Dr. F. Wever, Düsseldorf und Dr. W. Wepner, Köln
Gleichzeitige Bestimmung kleiner Kohlenstoff- und Stickstoffgehalte im α-Eisen durch Dämpfungsmessung
1956, 30 Seiten, 3 Abb., 4 Tabellen, DM 6,80

HEFT 322
Prof. Dr.-Ing. F. Bollenrath und Dipl.-Ing. W. Domke, Aachen
Eigenspannungen in vergüteten, dickwandigen Stahlzylindern nach Oberflächenhärtung mit induktiver Erwärmung
1956, 30 Seiten, 9 Abb., 2 Tabellen, DM 6,90

HEFT 360
Dr.-Ing. E. Barz, Remscheid
Fertigungsverfahren und Spannungsverlauf bei Kreissägeblättern für Holz
1957, 68 Seiten, 40 Abb., DM 17,—

HEFT 367
Dr. rer. nat. D. Horstmann, Düsseldorf
Der Angriff eisengesättigter Zinkschmelzen auf kohlenstoff-, schwefel- und phosphorhaltiges Eisen
1957, 52 Seiten, 22 Abb., 6 Tabellen, DM 12,85

HEFT 375
Technischer Überwachungsverein e. V., Essen
Wanddickenmessungen mittels radioaktiver Strahlen und Zählrohrgerät
1958, 38 Seiten, 15 Abb., DM 9,55

HEFT 376
Technischer Überwachungsverein e. V., Essen
Wasserumlaufprobleme an Hochdruckkesseln
1958, 140 Seiten, 56 Abb., 8 Tabellen, DM 32,60

HEFT 377
Technischer Überwachungsverein e. V., Essen
Versuche an Wanderrostkesseln mit befeuchteter Verbrennungsluft
1958, 36 Seiten, 19 Abb., 2 Tabellen, DM 12,20

HEFT 395
Dipl.-Ing. L. Hahn, Clausthal-Zellerfeld
Untersuchungen zur Frage des optimalen Bohrloch- und Patronendurchmessers
1957, 132 Seiten, 49 Abb., 19 Tabellen, DM 31,25

HEFT 445
Dr.-Ing. E. Barz, Remscheid
Fertigungs- und Prüfverfahren für Feilen
vergriffen

HEFT 447
Prof. Dr.-Ing. F. Bollenrath, Aachen, Dr.-Ing. H. Füllenbach, Seesen/Harz und Dipl.-Ing. J. Schumacher, Neubeckum/Westf.
Entwicklung rationell arbeitender Spritzkabinen
1958, 44 Seiten, 26 Abb., DM 13,55

HEFT 473
Prof. Dr. phil. F. Wever, Dr.-Ing. W. Lueg und Dipl.-Ing. P. Funke jr., Düsseldorf
Versuche an einer hydraulischen 25 t-Stangenziehbank
1957, 34 Seiten, 11 Abb., DM 8,95

HEFT 557
Dr.-Ing. H. Schiffers, Dipl.-Ing. D. Ammann, Dipl.-Ing. E. Brugger und Dipl.-Ing. R. Dicke, Aachen
Härtbarkeit von Gußeisen mit Lamellen- und Kugelgraphit in Abhängigkeit von Zusammensetzung und Gefüge
1958, 30 Seiten, 24 Abb., 1 Tabelle, DM 11,—

HEFT 630
Prof. Dr. phil. W. Koch und Dr. techn. Dipl.-Ing. H. Malissa, Düsseldorf
Beiträge zur Spurenanalyse im Reinsteisen
1958, 26 Seiten, 8 Tabellen, DM 7,60

HEFT 639
Prof. Dr.-Ing. habil. K. Krekeler, Dr.-Ing. H. Peukert und Dipl.-Ing. O. Schwarz, Aachen
Auswertung der in- und ausländischen Literatur auf dem Gebiete des Metallklebens
1958, 152 Seiten, DM 37,80

HEFT 655
Dr. rer. pol. A. Th. Wuppermann, Leverkusen, Prof. Dr.-Ing. M. Pfender und Reg.-Rat Dipl.-Ing. E. Amedick, Berlin
Untersuchung des Einflusses von Oberflächenfehlern auf die Dauerhaltbarkeit von Kurbelwellen
1958, 48 Seiten, 101 Abb., 4 Tabellen, DM 10,—

HEFT 680
Prof. Dr. phil. W. Koch, Dr.-Ing. habil. A. Krisch und Dipl.-Phys. H. Rohde, Düsseldorf
Änderungen im Gefügeaufbau austenitischer Chrom-Nickel-Stähle bei Zeitstandversuchen von mehrjähriger Dauer
1959, 38 Seiten, 23 Abb., 5 Tabellen, DM 12,20

HEFT 681
Prof. Dr.-Ing. Dr.-Ing. E. h. H. Schenck und Dr.-Ing. W. Wenzel, Aachen
Die Reduktion von Eisenerzen im Elektro-Fließbett
1959, 76 Seiten, 20 Abb., 12 Tabellen, DM 19,60

HEFT 693
Prof. Dr.-Ing. O. Kienzle, Hannover
Einige Untersuchungen über das Schneiden von Blechen
1959, 56 Seiten, 54 Abb., 3 Tabellen, DM 17,40

HEFT 702
Prof. Dr. phil. W. Koch und Dipl.-Phys. Dr. rer. nat. H. Lüdering, Düsseldorf
Statistische Auswertung von Thomasroheisenproben guter und schlechter Verblasbarkeit
1959, 20 Seiten, 3 Abb., 3 Tabellen, DM 6,50

HEFT 703
Prof. Dr. phil. W. Koch und Dipl.-Phys. Dr. phil. H. Sundermann, Düsseldorf
Isolierungstechnische Untersuchungen an Thomasroheisen
1959, 28 Seiten, 16 Abb., 1 Tabelle, DM 9,—

HEFT 705
Dr.-Ing. K. E. Mayer, Dr.-Ing. H. Knüppel, Ing. A. Stumpf, Dortmund und Prof. Dr. phil. W. Koch, Düsseldorf
Wege zur automatischen Überwachung des Thomasverfahrens
1959, 56 Seiten, 20 Abb., 7 Tabellen, DM 14,80

HEFT 714
Prof. Dr.-Ing. W. Patterson, Aachen
Wirkung einer Gasspülung auf den Magnesiumverbrauch bei der Herstellung von Gußeisen mit Kugelgraphit
1959, 44 Seiten, 35 Abb., 14 Tabellen, DM 13,40

HEFT 728
Dr.-Ing. K. Spies, Dortmund
Die Zwischenformen beim Gesenkschmieden und ihre Herstellung durch Formwalzen
1959, 114 Seiten, 61 Abb., 1 Tabelle, DM 29,60

HEFT 740
Dr. rer. nat. D. Horstmann, Düsseldorf
Einfluß einiger Eisen- und Zinkbegleiter auf Größe und Art des Zinkangriffs auf Eisen
1959, 38 Seiten, 22 Abb., 1 Tabelle, DM 12,60

HEFT 741
Dipl.-Ing. H. Stüdemann, Dipl.-Ing. F. Esselborn und Ing. H. Hartmann, Solingen
Prüfung der Korrosionsbeständigkeit rostbeständiger Besteckbleche aus Chromstahl
1959, 32 Seiten, 30 Abb., 4 Tabellen, DM 10,30

HEFT 742
Dr.-Ing. E. Barz, Remscheid
Schneideigenschaften von schneidenden Zangen und Prüfverfahren
1959, 66 Seiten, 40 Abb., 4 Tabellen, DM 18,40

HEFT 757
Dr.-Ing. A. Schrader und Dr.-Ing. habil. A. Krisch, Düsseldorf
Mikroskopische Beobachtungen von Ausscheidungen in austenitischen und ferritischen Stählen nach dem Kriechversuch
1959, 22 Seiten, 22 Abb., 1 Tabelle, DM 8,60

HEFT 780
Prof. Dr. phil. F. Wever, Düsseldorf
Untersuchungen von Walzölen und Walzölemulsionen im Kaltwalzversuch
1959, 68 Seiten, 28 Abb., mehr. Tab., DM 18,50

HEFT 781
Dr.-Ing. E. Barz u. a.
Verformungseinflüsse bei der Feilenherstellung

HEFT 840
Prof. Dr. phil. F. Wever, Dr.-Ing. H. G. Müller und Dr.-Ing. P. Funke, Düsseldorf
Versuchsmäßige und rechnerische Bestimmung von Walzkraft und Drehmoment unter Einwirkung von Bandzugspannungen beim Kaltwalzen von Bandstahl

HEFT 841
Dr. rer. nat. H. Blanck, Düsseldorf
Untersuchungen zur Kinetik des Martensitzerfalls

Ein Gesamtverzeichnis der Forschungsberichte, die folgende Gebiete umfassen, kann bei Bedarf vom Verlag angefordert werden:
Acetylen / Schweißtechnik – Arbeitspsychologie und -wissenschaft – Bau / Steine / Erden – Bergbau – Biologie – Chemie – Eisenverarbeitende Industrie – Elektrotechnik / Optik – Fahrzeugbau / Gasmotoren – Farbe / Papier / Photographie – Fertigung – Gaswirtschaft – Hüttenwesen / Werkstoffkunde – Luftfahrt / Flugwissenschaften – Maschinenbau – Medizin / Pharmakologie / Physiologie – NE-Metalle – Physik – Schall / Ultraschall – Schiffahrt – Textiltechnik / Faserforschung / Wäschereiforschung – Turbinen – Verkehr – Wirtschaftswissenschaften.

If you have any concerns about our products,
you can contact us on
ProductSafety@springernature.com

In case Publisher is established outside the EU,
the EU authorized representative is:
**Springer Nature Customer Service Center GmbH
Europaplatz 3, 69115 Heidelberg, Germany**

Printed by Libri Plureos GmbH
in Hamburg, Germany